日本酒入門

薫·爽·醇·熟

專業品酒師精挑細選，
保證好喝的82種日本酒！

三悅文化

前言

你知道日本酒嗎——？

被這麼一問，應該幾乎沒有人會回答「不知道」吧。但是，回答「知道」的人當中，又有多少人是平常就會飲用日本酒的呢？雖然是在日常生活中就常常飲用的酒，但是其認識度卻如同被一飲而盡般，相當貧乏。

由於日本酒給人一種「好像很難選擇耶」的印象，所以很多人在取用日本酒時會躊躇不前。目前在日本出售的日本酒據說有2萬種以上。而且，每一種日本酒的味道都有差異。

決定日本酒味道的要素相當複雜。原料的米和水、與酒精發酵相關的微生物、釀造者印象中的味道以及實現該味道的技術、另外還有該年度的氣候及各地區飲食文化的差異等。這種種要素交織影響後，才決定了日本酒的味道。

正因如此，我們才能享受有各樣特點各式種類的日本酒。

正因為日本酒本身是個深奧神秘的世界，若想要徜徉在這個領域，具備某種程度的日本酒知識是相當必要的。

不過請放心。由於本書把重點放在「挑選一瓶喜愛的日本酒」上，因此知識方面的內容以整合且重點提要的方式整理。取而代之的，是將重點置於玩味日本酒等方式介紹。包括日本酒的各式特徵、選擇方式、品飲方法以及酒器的種類等。

本書也有提到品酒師們進行品酒的方式。當然，初學者不太能像專家那樣品酒，但是，我希望在諸位選擇日本酒時，能提供對您產生些許幫助的重點。

此外，在全國各地為數眾多的地方酒當中，嚴選了82款特別出色的日本酒，並且由品酒師針對它們各自的特徵提供評語。希望能成為您選擇日本酒時的參考。

請先往日本酒的世界踏出一步。要從本書介紹的日本酒當中挑戰也好；參考選擇方式後再自行尋找也好。相信您一定會著迷於日本酒的深奧魅力！

若是有一人或是更多讀者能因本書而感覺日本酒是極具魅力的酒，這就是我最大的喜悅了。

監修代表　長田　卓　SSI（日本酒服務研究會・酒匠研究會聯合會）研究室長

第二章

第四章

第五章

序章

試著跳進日本酒的世界吧！

序章

歡迎來到日本酒的世界

可以直接飲用，也可以搭配料理的日本酒

兼備各種魅力的日本酒

從乾杯用的啤酒開始，燒酎、葡萄酒、威士忌、再加上雞尾酒。在居酒屋或餐廳吧可以點到各式種類的酒。

不過，即便是那樣的場合，日本酒卻也鮮少有機會登場，這早已不是近期的新聞了。

坦白說，若以日本酒本身所具備的實力來論之，它的確是稍有被冷落之嫌。其實日本酒獨具魅力，跟其他酒類相比毫不遜色。

首先，若提到日本酒的魅力，第一個可以提出的應該就是它可以當作餐中酒的這項價值吧。

日本酒是在味道的成分上具有獨特美味的罕見酒類。這份美味，是從日本人的主食——米——當中提煉出來的。

即便日本人的飲食文化已逐漸產生變化，但是從結果來看，我們（日本人）依然是以米為主食的民族。因此更能深刻感覺到由米而來的日本酒有股難以抗拒的魅力呢。

以米為基本的日本料理，實在沒有理由和由米製造的日本酒無法契合。日本酒和日本料理的搭配，不容許其他酒類的加入。這是為了吸引出酒及料理雙方的魅力。

日本酒不僅限於日本料理，在海鮮類、使用醋的料理、湯品餐點等料理中，日本酒也具有比其他酒類更能搭配

料理的這項長處。

此外，日本酒不但能夠當作餐中酒，對於只是純粹想享受酒的人也能很輕鬆地享受。

例如，在名為吟釀的這類酒當中，大多具有以米為主原料的華麗香氣。那股香味甚至能夠和派對等華麗氣氛相互輝映調和。

其他還有類似威士忌，以年份計算且具有複雜香味及些許黏稠口感之成熟典型的日本酒。

日本酒，是即使在日本酒這個類別框架中，依然能享受各種獨到魅力並富有多樣化的酒類。

海外也投入熱烈的關注

另一點也很重要的，是近年來海外對日本酒的評價。因為這數年裡，往海外的輸出量正逐年增加當中。

尤其在占有大半輸出量的美國，日本酒被認為是可以搭配多種料理的餐中酒，因而評價不斷提升中。

日本酒具有當作餐中酒的魅力、豐富的多樣化、以及對其他文化的親和性等特徵，是不輸任何酒類又極具魅力的酒。

您難道不覺得不瞭解這樣的日本酒是件可惜的事嗎？首先，希望您以輕鬆的氣氛來試著接近日本酒。相信您一定會被它的魅力深深吸引！

在海外也受到矚目的日本酒

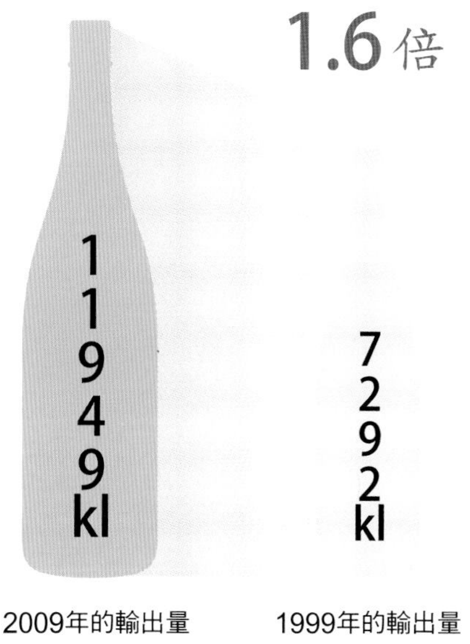

從日本酒的輸出量來看，與1999年的7292千升相比，2009年達11949千升，可知這10年當中輸出量提高了1.6倍以上。最大的輸出國是美國，占全體的3分之1。（出處：日本造酒組合中央會）

日本酒是怎麼製造而成的呢？

從米製造出酒精——日本酒的不可思議

酒類有3種製造方法

世界上有各種類型的酒深受大眾喜愛。以啤酒為首，還有葡萄酒、威士忌、伏特加、紹興酒……等等。

酒的種類雖然繁多，但提到它們的製造方式，實際上大致可分為釀造酒及蒸餾酒2種。

釀造酒是使原料發酵製造的酒，日本酒、葡萄酒、啤酒都分在這一類。

蒸餾酒則是從原料到發酵階段為止都跟釀造酒的製法相同，但在那之後，必須再經過「蒸餾」這項手續才製成的酒。包括有燒酎、威士忌、白蘭地、烈酒等。

依製造方式看酒類的分類

混成酒	蒸餾酒	釀造酒
以蒸餾酒或釀造酒為原料，再與糖類和香料成分混合而成的酒	使原料發酵後再經過「蒸餾」過程製成的酒	使原料發酵製成的酒
金巴利酒 梅酒 味醂	燒酎 威士忌 白蘭地 伏特加 萊姆酒	日本酒（清酒） 葡萄酒 啤酒

而在釀造酒及蒸餾酒之外，還有另一種類型。是以釀造酒或蒸餾酒為基礎，再添加糖分或香料成分製成的混成酒。梅酒或金巴利酒（Campari，開胃酒的一種）等具甜味及香氣的烈酒類（俗稱利口酒）或味醂，就是分類在混成酒。

葡萄酒或啤酒，到底有哪裡不一樣？

在釀造酒當中，日本酒的釀造方式被認為是比葡萄酒或啤酒更加複雜且困難的。這是因為日本酒有其特有的發酵作業。

原本發酵就是酵母將糖分分解為酒精和二氧化碳。

以葡萄酒為例，因原料的葡萄中已經含有糖分，因此只需要在葡萄的搾汁上直接添加酵母發酵即可。

不過，啤酒原料的大麥中不含糖分。因此需添加麥芽使大麥的澱粉糖化，之後再在糖化後的液體中添加酵母使之發酵。

以不同的容器進行這項糖化及發酵處理是該作業中的特徵（稱之為「單項式複合發酵（單行複發酵）」）。

日本酒的情況也和啤酒相同，其原料的米本身是不含糖分的。

因此，米的澱粉質需仰賴麴進行糖化。

和啤酒釀造方式不同的是，該糖化步驟和透過酵母的發酵步驟是在同一個容器中同時進行這一點。此方式稱為「並行式複合發酵（並行複發酵）」，是日本酒的特徵。

這種並行複發酵，為了製造出稀有又質地精良的酒，是必須取得糖化和發酵的巧妙平衡的。

這就是日本酒釀造被認為需要高度技術的原因。

日本酒有9種！

「純米」和「吟釀」到底是什麼？

日本酒是以這樣的基準分類的

精米程度＼使用原料	特定名稱酒：●米、米麴	特定名稱酒：●米、米麴 ●規定量以內的釀造用酒精	●米、米麴 ●規定量以外的釀造用酒精 ●其他原料
沒有限制	①純米酒		
70%以下		⑤本釀造酒	⑨普通酒※
60%以下	②純米吟釀酒 ③特別純米酒	⑥吟釀酒 ⑦特別本釀造酒	
50%以下	④純米大吟釀酒	⑧大吟釀酒	

※關於普通酒
普通酒乃指特定名稱之外的日本酒之總稱

根據精米程度及酒精添加與否來決定日本酒的種類

即使不熟悉日本酒，也大概曾聽過純米酒、吟釀酒、本釀造酒等名稱吧。只不過，這些名稱究竟代表什麼意思？正確知道的人應該不多吧。

純米酒或吟釀酒這些日本酒，被叫作特定名稱酒。包含前述項目，特定名稱酒共可分為8種。

區分8種特定名稱酒的基準如上表所示，主要是根據含有精米程度及酒精添加的使用原料來決定之。

但是，若觀察右頁的圖表，會發現純米吟釀酒、特別純米酒、吟釀酒、以及特別本釀造酒被歸類在同一個框架裡。

這些酒只用使用原料及精米程度等條件，是無法區別開來的。

不過，一般來說，以提煉華麗香氣成分為目的而製造的，通常會標記為純米吟釀酒或吟釀酒。不為香氣，反而為追求暢快口感而製造的，則大多表記為特別純米酒或特別釀造酒。

由於這些標記並沒有嚴密的基準可遵循，因此是依各造酒商的判斷來決定。

此外，特定名稱酒規定之外的日本酒，則全部分類為普通酒。

在此，關於日本酒分類基準之一的精米程度及釀造酒精，讓我們再稍微詳細地觀察吧。

由上而下分別為玄米、精米程度65%、精米程度45%的山田錦。

精米程度越低的日本酒越需要花費精力製造

所謂的精米程度，簡單來說，是表示成為原料的米被精磨了多少的量。

例如，若精磨了30%的米，其精米程度為70%；精磨了40%的話，精米程度則成為60%。換句話說，精米程度的數字越低，則代表所精磨的米的比例較高。

想當然耳，精磨的分量越多，米粒會變得較小，造酒時所需要的米量便會增加。因此，精米程度低的日本酒，在該比例所需花費的精力及成本便相對提升了。

大吟釀酒之所以價格高，就是因為它使用了原料米被精磨5成以上的奢侈釀製法才製成的。

也有因增量目的而添加的釀造酒精

釀造酒精是被認可可以添加進日本酒的酒精。釀造酒精是發酵、蒸餾糖蜜類或各式穀類而製造出來的。

以增量為目的而添加酒精成為一般作法，大概是在戰後沒多久。

由於米短缺之故造成酒的生產量銳減，為了補足該不足而開始使用添加酒精這個方式。

不過，現在的增添酒精並不是為了增量。而是靠著添加酒精來提煉出吟釀酒的花朵香或水果的華麗香氣。

香氣很容易殘留在米粒上，假如在未添加酒精的狀態下過濾混含渣滓的濁酒，其香氣不會殘留在液體上，反而比較容易留在酒糟上。為了使該香氣從米粒分離後轉移到酒上，添加酒精是很有效的方式。

標籤的正確解讀方式

購買時必須事先確認的酒類背景說明書

標籤上記載的是些什麼樣的資訊呢？

本篇將看到與實際購買日本酒時有關的標籤內容。

假如不瞭解標籤中所寫的內容，是無法選擇日本酒的。標籤裡除了會顯示商標外，也會標示特定名稱的種類、精米程度、以及日本酒酒精濃度等成分資訊，即使購買了完全不認識的酒，若具有標籤知識的話，至少能夠大致想像出所買的是怎麼樣的酒。

不過，因為成分標示只是測定值，若能事先想好要購買的標的物，會是比較合適的做法。

事先掌握所謂的1合或1升等度量衡制的容量表示法吧！

另一個熟記後決不會有損失的，是日本酒容量的數算方式。

日本酒的容量，在標籤的表記方式是遵循「計量法」，也就是使用毫升（ml）或公升（L）等方式表示。

不過，對容器的稱呼卻通常是使用舊有的「度量衡制」。在平常使用的單位裡，1合（いちごう）等同於180ml，1升等同於1800ml。

另外，有的造酒商把最高級的大吟釀酒貯藏在18升尺寸的1斗瓶裡。

各種形狀的瓶裝容器

1合瓶	180ml的尺寸。有茶杯酒和設計瓶等。
300ml	被稱作小瓶的尺寸。用於生酒或冷酒等，通常是放在冰箱冷卻後再販賣。
500ml	大多使用於利口酒（liqueur，具甜味而芳香的烈酒）類或具發泡性質等的特殊類型。
4合瓶	720ml的尺寸。也被稱作中瓶。
1升瓶	1.8L的尺寸。為日本酒酒瓶基準的大小。
紙盒裝	1.8L、2.0L及其他尺寸等，具有各種尺寸。紙盒裝的容器具有阻擋光線的優點。

標籤看這裡

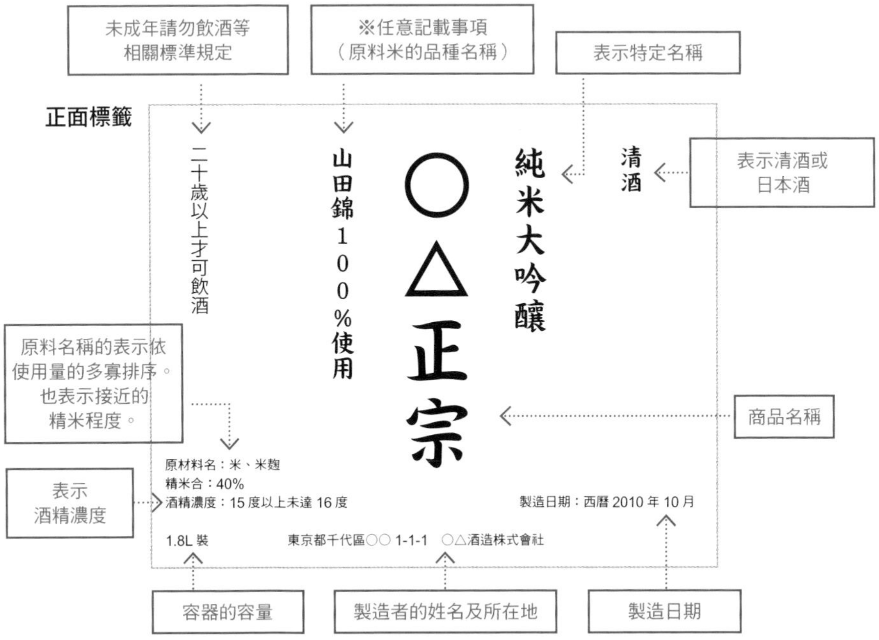

※若滿足條件可表示的任意記載事項

原料米的品種名稱	欲表示的原料米使用比例若超過50%，可同時將使用比例一併表示出來。	**生貯藏酒**	表示釀造後未經加熱處理便貯藏，直到出貨前才加熱處理的日本酒。
日本酒的產地名稱	表示該日本酒全部是在該產地釀造。若使用產地不同的日本酒釀造，則不會表示產地名稱。	**生一本**	表示在單一的製造環境中從頭製造到尾的純米酒。
貯藏年份	針對貯藏一年以上的日本酒，去掉未滿一年的尾數，以整數表示貯藏年份。	**樽酒**	表示用木桶釀造，夾著木頭香氣的日本酒。不論販賣時是否是以木製容器裝載。
原酒	表示釀造後未再以水或酒精調整的日本酒。	**「極優」「優良」等表記**	於同公司中同一種類別或商品名稱達複數等情況時，用來表示品質較精良的商品。
生酒	表示釀造後未經任何加熱處理的日本酒。	**獲獎記錄**	若獲得國家或地方公共團體等公家機關頒發的獎項時，可表示在該酒品上。

※關於上述以外的事項，除了必須根據事實另外補充說明的情況之外，也可以直接表示在標籤上。

深入玩味日本酒的5項關鍵點

僅使用米無法決定日本酒的個性

越接觸越瞭解其深奧之處的日本酒

僅止於飲用，並非是享用日本酒的方法。究竟是使用什麼樣的米和水？究竟是怎樣的製酒師傅所釀造的酒呢——？探索這些部分也是品嚐日本酒的一種方式。

為了能更深入的玩味日本酒，可著眼於以下的5項要點。

①**米**：米是日本酒的核心原料，因此可以說是日本酒的必備品。當中也有專門用來製造日本酒，名為「酒造好適米（適合釀出好酒的米）」的品種，依種類不同，甚至也有比一般米高出2倍價錢的高級品種。對米的講究與堅持，也是製酒師傅們自豪的一項特點呢。

②**水**：不管其他要素有多優異，只要使用的水質不佳，就不可能製出優質的日本酒。許多造酒商在名水周邊設置釀酒廠，就是因為這個理由。

③**微生物**：以酵母、麴菌為首，透過眾多微生物的運作來製造日本酒。日本人從很早以前便已掌握微生物的特性，培養出利用微生物活動來進行酒類製造的技術。

④**技術**：日本酒是因應製造者的狀況及環境，統合其經驗、直覺、或科學數據，在進行溫度管理或水分調整等項目的同時所醞釀出來的酒。所謂的日本酒，可說是傳承了製造者技術的結晶。

⑤**氣候風土**：日本全國各地有豐富多樣的地方酒。在新潟便發揮了其嚴寒氣候的特性，利用長時間的低溫使其發酵成淡麗刺口的酒；在料理大多呈現纖細味道的京都，如同配合料理而製出飲用口感溫和的「女酒」般，地方酒（俗稱地酒）反映了各地區的文化風俗或氣候風土。

日本酒當中的5種面貌

米

製造日本酒時，會使用依特別栽培法所培育出的特殊品種的米。尤其名為「酒造好適米」（指適合釀出好酒的米）的米，就算說它在世界釀酒原料中屬於最高等級的類別也不為過。

微生物

日本酒是利用酵母、麴菌、乳酸菌等肉眼看不到的微生物進行活動而釀製完成。尤其利用黴菌中的一種麴菌來製酒，是多濕的日本才有的技法。

水

日本酒的成分中約80%是水。因此水的品質對日本酒的味道有極大影響。可說製造日本酒是只有受惠於有眾多好水的日本才能製造的酒。

氣候風土

全國各地皆有樣式豐富的地方酒存在。從淡麗風味到濃醇風味，在該土地所釀造的日本酒，可以反映出該土地的風土・鄉土文化。

技術

自2000年前傳承而來的技術，經由各時代的製酒師傅凝聚工夫，發展至今。日本酒是透過製酒專家的能力才釀造出來的藝術品。

選擇最合適酒類的新基準

為了與喜愛的一款酒品相遇的捷徑

只用甜味・辣味，無法捕捉日本酒的特徵

對入門者來說，首先遇到的難題，便是在號稱2萬種以上的日本酒當中，該如何尋找出自己所喜愛的酒。

一般民眾熟知的日本酒分類方式，應該是以「甜味・辣味」這樣的分類吧。

但是，這種甜味・辣味的分類稍微過於曖昧，實在不怎麼準確。

因為幾乎所有的日本酒在入口的瞬間都能感受到甜味，並在飲用結束後感受到酒精刺激（辣味）所產生的餘韻。若依據甜味和辣味的哪一種殘留較深的印象，可能會對甜味・辣味的判斷產生變化。

另外，甜味・辣味這種基準無法捕捉到香氣。

但日本酒是依據其釀造方法及使用酵母而釀製出具多彩香氣的酒。若無視其香氣，就等於是把好不容易開啟之通往日本酒世界的窗關上一半一樣。

香氣及味道是日本酒分類的新基準

若想要更明確捕捉日本酒的個性，可參考日本酒服務研究會・酒匠研究會聯合會（簡稱ＳＳＩ）提倡的「4類型分類」。該會將香氣及味道作為軸，把日本酒分類為「薰酒」「爽酒」「醇酒」「熟酒」等4種類型。

可惜的是，這4類型分類仍無法涵蓋日本酒所有的共通特性，若要用標籤內容等資訊直接進行判斷是相當困難的。

因此，在本書的第5章當中從日本全國選出82款地方酒，並詳細說明每瓶酒各自屬於何種類型。

至於自己究竟偏好哪種類型的酒，希望讀者們能藉著實際品嚐各式類型的酒，來試著尋找看看。

依香氣及味道的4類型分類

香氣高

味道淡麗

味道濃醇

薫

（香氣）

薫酒類型

具有果實般的華麗香氣，味道既輕快又爽朗。如葡萄酒般的水果風味在海外也極受歡迎。

代表例：獺祭　純米大吟釀
研磨二割三分

熟

（成熟）

熟酒類型

輝映其金黃色，特徵包括調味香料般的熟成香、濃稠的甜味、深層的酸味等，具高分量的味道。

代表例：仙禽　大谷石洞窟
貯藏酒

爽

（輕快）

爽酒類型

香味雖然趨於保守，但光滑滋潤的味道是其特徵。屬於簡約清爽的日本酒。是大眾取向的類型。

代表例：滿壽泉　白標籤

醇

（濃醇）

醇酒類型

具有米本身的美味及濃郁飽滿的香氣，是最符合日本酒傳統風味的正宗類型。

代表例：西之關
手工製造純米酒

香氣低

瞭解自己對酒類的偏好！ 4類型分類之Check List

對於有「還是第一次聽說什麼4類型分類，我不知道到底要選什麼啦！」等感覺的人，不妨試著運用以下的評估表。假如在表中有某類型被勾選的數量最多，就應該是最接近您自身的喜好喔！

薰

- [ ] 喜愛春季
- [ ] 高度關心流行或潮流
- [ ] 特別喜歡和朋友的私人派對
- [ ] 明亮、可愛的服裝居多
- [ ] 即使對象是外國人依然不怕生
- [ ] 與人相比之下屬於有高級志向
- [ ] 酒類產品中偏好白葡萄酒
- [ ] 非常喜歡水果
- [ ] 料理當中特別喜愛義大利料理
- [ ] 一週會去一次高級餐廳用餐

醇

- [ ] 喜愛秋季
- [ ] 具講究的頑固性格
- [ ] 喜歡與親近的友人僭越的飲酒
- [ ] 不論是服裝還是食物都偏好絕對「日式」派
- [ ] 自豪於自己日本人的身分
- [ ] 從以前開始便很喜愛日本酒
- [ ] 對日本全國的燒窯物品或器具極感興趣
- [ ] 除了日本酒，也很喜歡其他酒類
- [ ] 特別喜歡花枝的鹹味及利用鰹魚內臟做出鹹味等海鮮類食物
- [ ] 非常喜歡味道濃郁的料理

爽

- [ ] 喜愛夏季
- [ ] 明朗、坦率的性格
- [ ] 非常喜歡和朋友爽快豪飲
- [ ] 對簡單隨意的裝扮最感到輕鬆自然
- [ ] 面對大情勢不會選擇冒險
- [ ] 幾乎沒有飲用過日本酒的經驗
- [ ] 比起在店裡飲酒，在家裡飲用的頻率較多
- [ ] 喜歡雞尾酒或酸味飲料Sawa等容易飲用的酒類
- [ ] 比起肉類，更喜愛魚類
- [ ] 認為料理才是主角，酒頂多只是陪襯

熟

- [ ] 喜愛冬季
- [ ] 常被別人說善變
- [ ] 認為獨自飲酒也沒什麼不好
- [ ] 即使沒什麼特別的事，也會選擇精明俐落的服裝
- [ ] 喜歡蘇格蘭威士忌的威士忌擁護者
- [ ] 有比別人更清楚酒的自信
- [ ] 喜愛以少量美酒為嗜好的風格
- [ ] 想試著品嚐別人不喝的調酒
- [ ] 喜歡類似中式料理的那種油膩料理
- [ ] 喜歡鵝肝醬、乳酪起司等「法國風味」的料理

第一章

事先掌握日本酒的飲用方式

冷酒及溫酒，你的偏好是？

不論冷溫都美味的日本酒才有的煩惱

冰箱孕育出的冷酒文化

冷酒的歷史並不長。現在「冷的（「冷や」）」才開始等同於冷酒，但在冰箱普及之前，若提到「冷的（「冷や」）」則是指常溫的酒。

不過，歷史雖短，飲用冷酒卻是現在日本酒的主要享受方式之一呢。

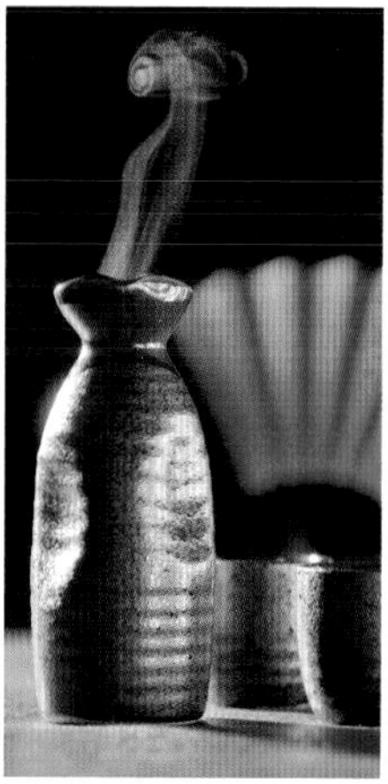

冷酒的魅力，就是喝的時候有清爽的感覺。

原本就是屬於具有清爽要素的淡麗調性，以清新感為賣點的新酒或生酒，用冷酒的方式飲用更能增添其原味中的清爽感。

值得注意的是，若把濃郁類型的酒類作成冷酒飲用，其香氣及味道的多層次都有可能因此而變得不明顯。

試著溫酒才明白的優點

另一方面，在溫酒的部分，似乎還留有過去日本酒風潮時廣傳的「品質佳的酒喝冷酒，品質差的酒喝溫酒」這個印象，因此，深信除了便宜的酒以外，不需溫酒的人應該也不少。

不過，透過溫酒而味道變圓潤的酒很多，若一開始就把加溫這個選項剔除的話，是非常可惜的。

溫酒是日本酒才有的傳統飲用方式。溫的酒不僅對身體較溫和，也具有大幅擴展搭配料理範圍的特徵。因應不同溫度，酒和料理的調味方式產生差異也是溫熱的魅力所在。在此，應該試著再一次重新檢視所謂的溫酒飲用方式。

委請溫熱的時候用這樣的表現法

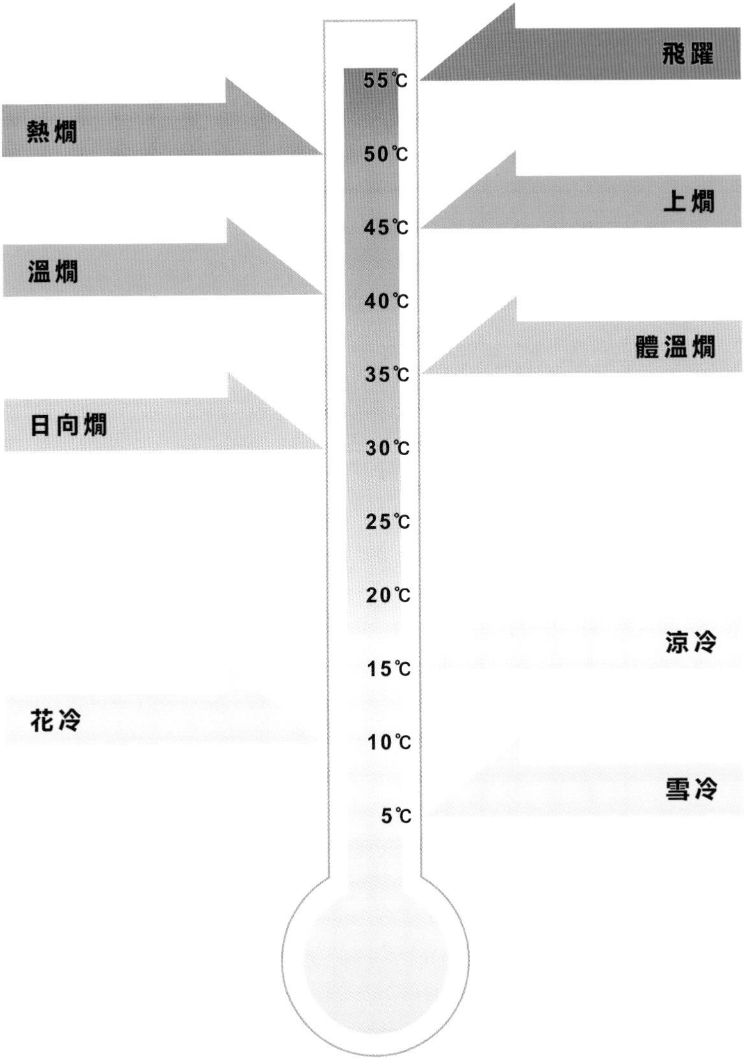

委請溫熱的時候，以「請加熱到40℃左右」和「請加熱到溫」等表示法，其風情大有不同。為溫度賦予特殊的名稱，是只有纖細感覺的日本人才有的文化。搭配該場合的氣氛，試著使用看看先賢們留下的雅致溫度表現法。

尋找符合日本酒的溫度

無論冷酒還是溫酒都可享用的日本酒魅力

【孕育・毀壞其個性，都是取決於溫度】

若是寒冷的冬季，可選擇溫暖身體的熱酒；若是酷熱的夏季，則是暢快的冷酒較佳——。日本酒是世界上所少有能在大範圍溫度皆可飲用的酒。

它具有溫度只改變5℃，香味及味道就會變化的纖細特色。因此，若想要發揮日本酒個性的飲用方式，溫度成為相當重要的一環。

在此，將介紹關於18頁中所提到的4類型的酒各自適合的飲用溫度。

◎薰酒類型（香氣）

具有可聯想到花朵或果實華麗香氣的這個類型，過度冰涼，會感受不到其香氣；相反的，若溫度上升太多，則有損其清涼感。最合宜的溫度約在10℃左右。

◎爽酒類型（輕快）

輕快具清爽感的這個類型，是適合於低溫飲用的酒。溫度以5℃～10℃較適宜。當中也有溫熱後享受其敏銳風味的方式。

◎醇酒類型（濃醇）

充滿濃郁及香味的成分，為發揮其圓潤厚實的味道，需避免極端的溫度。建議以常溫，或加熱到40℃～45℃之間的溫燗即可。

◎熟酒類型（成熟）

既濃醇又複雜還帶有成熟味道的這種類型，以15℃到25℃之間是最佳狀態。對不擅長極富個性之成熟香的人來說，以低溫飲用較易入口。若要溫熱飲用的話，以避免破壞味道平衡的溫燗較佳。

即使是不合口味的酒，只要改變一下溫度，印象就會大幅度轉變。感覺「太甜」的話，只要稍微冷卻一下，口感就會變成淡麗風格；「喜歡類似純米酒那樣濃郁風味」的人，即使是吟釀類的酒，也能夠以加溫的方式，製作成接近偏好的味道。

各類型的推薦溫度

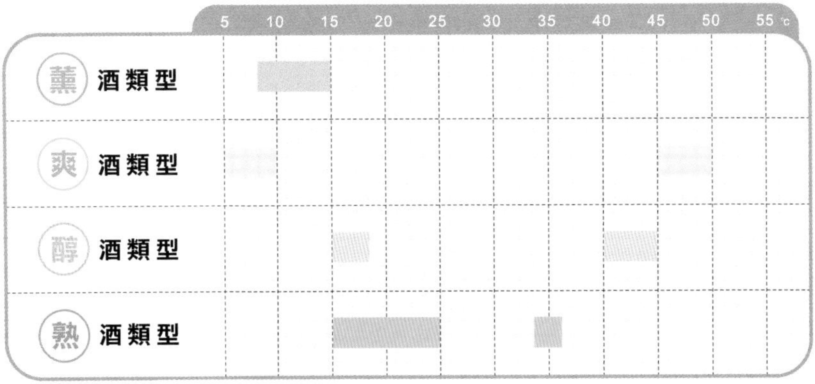

香味依溫度變化

冷		溫
封閉	香氣	擴散
變得敏銳鮮明	酸味	變得圓潤不明顯
清爽暢快	甜味	增加
不容易感受到	美味	變得強烈
出現斷層感	苦味	出現厚實感
變得清晰	澀味	變得緩和
濃度變淡	分量濃郁	濃度變重

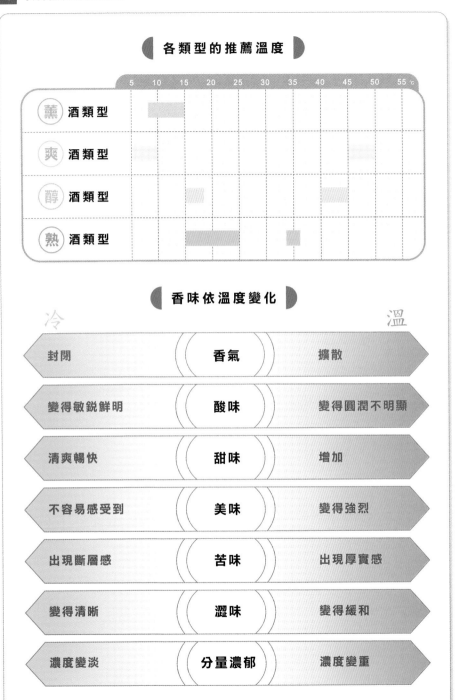

不管是賞花還是看煙火都想拿著日本酒飲用

推薦符合季節的類型　春・夏

用香味演出季節香的春季日本酒

在春天最想飲用的，就是以「大吟釀・東魁盛」為代表的薰酒類型日本酒。此酒具備令人聯想到果實或花朵的香氣，使人感覺到春天的氣息。

薰酒和與融雪同時冒出芽的野菜料理屬性也很合。野菜的鮮明香氣與薰酒的華麗香氣相互調和，實在是一大享受呢。

鮮度及清爽度皆生動活潑的夏季日本酒

氣溫一旦提高，無論如何都想要尋求一絲清爽呢！如果能大口大口喝到冰得透徹的爽酒類型的話，實在是最適合炎熱的季節了。具體來說就是「純米吟釀・香露」。

爽酒的淡麗味道，並未消去那如同涼豆腐般清淡的口感。以此酒作為誘發對清爽料理之食慾而推薦的夏季酒。

此外，「生酒」也是最適合在這個時期品嚐的酒之一。不加熱的新鮮味道，呈現出和啤酒截然不同的刺激感受。

在這個時期，夏季限定的生酒也開始出現。以初鰹為首，搭配竹筴魚和沙丁魚那樣有亮麗光澤的生魚片，請一定要來上一杯！

	8月	7月	6月	5月	4月	3月
搭配各時令料理的日本酒類型	日本香魚 薰				野菜料理 薰 爽	
	涼拌料理 爽				鯛魚 薰 爽	
	星鰻 醇		初鰹 爽			
	竹筴魚、沙丁魚 爽					
各季節節慶可飲用的日本酒					菖蒲酒	白酒
	祭祀酒				賞花酒	

氣溫下降的秋冬才是日本酒真正出現的場合

推薦符合季節的類型 秋・冬

【已成熟的冷卸酒 是點綴秋季的日本酒】

夏季過去，秋季開始之際，愛好日本酒的人便會開始坐立難安起來。因為這個時期，「冷卸酒（ひやおろし）」開始出現在市面上了。

所謂的冷卸酒，是把春初製成的新酒於夏季之間熟成，然後在秋涼時節出廠。也以別名「秋成酒（秋あがり）」稱之。

和冷卸酒的成熟美味極搭配的是素有秋季味覺代名詞之稱的秋刀魚，以及在這個時期會返回日本近海的洄流鰹魚。魚的油脂配上日本酒的美味，實在是相得益彰呢！

【可談論溫酒、新酒等 豐富話題的冬季日本酒】

氣溫越低，果然還是越離不開鍋料理及溫酒的組合。這通常也是迎接當季海鮮料理的時期。爽酒類型可以誘發出放入鍋料理的素材美味，而醇酒類型的香濃則是一點都不會輸給美味素材。特別是生酛系列的純米酒等，不妨嘗試看看。

當冬季真正開始後，造酒也逐漸進入佳境，各釀造工廠也會陸續完成各種新酒的釀製。這是能首先品嚐那1年該釀造廠釀製味道的機會。因限定酒類繁多，最好詳細的確認資訊，不要錯過試飲的大好機會！

2月 1月 12月 11月 10月 9月

搭配各時令料理的日本酒類型

螃蟹、河豚、鮟鱇魚
爽 醇

秋刀魚
醇

磨菇
醇 熟

鍋料理
爽 醇

洄流鰹魚
醇

蛤蜊
醇

各季節節慶可飲用的日本酒

正月酒

菊酒

賞雪酒

賞月酒

第一章

想要時髦地品味美酒

決定帥氣地開拓日本酒的飲用方式

飲用方式⑤

挑戰使日本酒印象煥然一新的飲用方式

說到日本酒，果然還是和居酒屋或是小料理店最合……。若您一直是以那樣的印象來看待日本酒的話，不妨現在稍微改變角度來看一看。

在時髦的酒吧飲用日本酒、在派對上飲用日本酒，這樣的日本酒飲用方式也未嘗不可。日本酒並非只是制式的陶瓷土瓶和小酒杯這樣的形象風格而已。

上圖中，簡單的介紹一部分可因應現代各場合的日本酒新式飲用法。也嘗試一下和日本酒原來的品味方式不同之新穎的日本酒魅力吧！

酒藏們也因應這樣的時代變化，逐漸

◉這樣的品酒方式怎麼樣？

玻璃杯中加冰塊不稀釋的品飲法

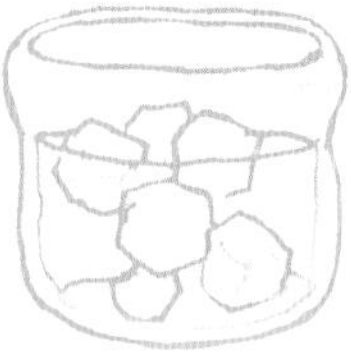

坐在酒吧櫃檯，帶著意氣風發的面容飲用最為合適。可飲用沒有加水調整的原酒類型，品飲感覺不至於太稀，非常推薦。

加果汁或水果冰凍的品飲法

炎熱的夏季，餐後的甜點來一份日本酒的冰凍果子露如何？只是把日本酒倒入玻璃杯中，再用保鮮膜包起來冷凍就完成了，在家裡也可以輕鬆製作呢！

酒加汽水的品飲法

當周遭都在喝輕酒（Light）的時候，點一杯摻了蘇打的Highball吧！若是帶點酸味的類型，添一點柑橘系的果實也相當契合呢！

開發和過去不同，且能夠用這種新穎方式品飲的日本酒。

在那當中的其中一項，是以下篇幅中要介紹的發泡性類型的日本酒。

以發泡的日本酒代替香檳

日本酒業界低迷的這數年當中，以女性為中心而引人矚目的是發泡性類型的日本酒。

一倒入玻璃杯中，細緻的泡沫冒出，宛如香檳一般。口感清爽暢快，說不清的模糊甜味也相當豐富。為了乾杯倒上一杯，或是作為餐後點心酒也非常理想。

設計也宛如香檳般。永井酒造「MIZUBASHO PURE」。

在這個時刻，準備這種發泡的日本酒，好好地時髦一下吧！

這種發泡性日本酒大致可分為2種。

一種是在加熱或過濾的日本酒當中添加碳酸氣體的；另一種是和香檳一樣，由它本身發出氣體的這2種類型。

後者使用名為「瓶內二次發酵」的製作方式。其過程如下。放置在瓶內的酵母分解了糖，產生酒精和二氧化碳。由於瓶口被栓住，使碳酸氣體（二氧化碳）無法逃脫出去，而和酒溶合在一起。

不過，瓶內二次發酵這種類型，和香檳一樣，在開瓶時需要特別注意。因瓶內的氣體會往外衝，酒可能因此會到處飛散。

以「越之譽」而廣為人知的原酒造「發泡性純米酒・泡酒」（あわっしゅ）。

多認識酒的小知識

發泡性日本酒的拿手開瓶方法

想要很帥氣的開瓶，卻搞得酒噴得到處都是，弄得什麼都沒了。

發泡日本酒開栓時，要特別注意以下幾點。

首先，把買回來的酒事先確實冰好。透過冷卻這項步驟，瓶內的碳酸氣體會比較容易溶入酒內。

拔起木栓的時候，必須注意酒的液體表面，然後緩慢地把木栓拔出來。

這時，若液體表面逐漸上升而泡沫看起來快要滿出來的話，可以稍微把木栓壓回去，靜靜等待液體表面下降為止。

接著重複幾次上述方式，直到即使拔開木栓，液體表面也不再上升，逐漸的把氣體釋放出去才算完成。

只要遵守這個步驟，應該就不會把房間噴得到處都是酒了。

品飲日本酒時必須注意的禮節

飲酒享樂時也要顧慮周圍的觀感，這就是大人的禮節

啥！這也是違反禮節？必須事先熟記的8大準則

左頁雖然是不形於色的舉止，但是卻是應該在飲酒場合中克制的行為，以下逐一介紹這8種行為。

①不可喝得爛醉

適量且不喝到爛醉不僅限於日本酒，而是飲酒時最低限度的禮節。

②不可未經許可私自斟酒

沒有告知對方而私自斟酒是違反禮節的行為。應先確認對方的意思後才為對方斟酒。

③不可把酒杯倒放在桌上

為表示已無法再喝而把酒杯倒放在桌上的事情請完全避免。把酒杯倒放的行為，依情況不同，也代表絕交的意思。

④不可使用反手斟酒

這是緣起意涵不佳的斟酒方式。為對方斟酒時，要使右手背在上方，再添上左手輔助扶著酒瓶斟酒才對。

⑤不可碰撞酒杯

酒杯碰撞出聲音叫作「酒杯在哭泣（器が泣いている）」。乾杯的時候，有可能不知不覺以玻璃酒杯感覺般，使酒杯相互碰撞，要注意避免過度用力而造成器皿破損。即使要彼此碰一下酒杯，也只要輕輕接觸即可，這就是大人的禮節。

⑥不可使空酒瓶任意傾倒

珍惜飲酒器具這一點，也與本項相同。傾倒的酒瓶很容易轉動，會有破損的可能。把飲用完的空酒瓶保持直立狀態整理起來，才是合適作法。

⑦不可拿著酒瓶行走

若拿著酒瓶行走，酒瓶內的酒可能會潑灑出來，酒瓶也有可能掉落摔破。若要到其他桌斟酒，請使用該桌次上的酒瓶較合適。

⑧不可窺視酒瓶內部

請不要窺視酒瓶的內部。因為酒可能因此濺出來，窺視的樣貌也不美觀。

日本酒的禮節
被禁止的
8大
行為
1 不可喝得爛醉
2 不可未經許可私自斟酒
3 不可把酒杯倒放在桌上
4 不可使用反手斟酒
5 不可碰撞酒杯
6 不可使空酒瓶任意傾倒
7 不可拿著酒瓶行走
8 不可窺視酒瓶內部

也事先認識日本酒的弱點吧！

為防止劣化而最好熟記的保存3原則

為了能美味地品飲日本酒

保存的3原則

一、保存在陰暗場所
二、保存在冰箱內
三、一旦開封便要及早飲用完畢

光

透過被光照射所產生的化學反應而引起著色現象。太陽光就不用說了，螢光燈和殺菌燈等會發出紫外線的光源也請盡量避開。

空氣

日本酒和空氣接觸會產生氧化反應。若瓶內的酒量變少，賸餘的殘量會變得更容易和空氣接觸，因此基本上開栓後盡快飲用完畢較佳。

溫度

只要保存在家庭內的冰箱裡應該就不會有問題，最少必須要保存在15℃以下的環境。

日本酒的基本保存方式

日本酒因為相當精緻敏感，需要特別花心思保存。

保存時要注意的重點為溫度、光、空氣。

日本酒若放置在高溫狀態下會產生劣化，以1℃～8℃保存最為理想。另外，也最好避免極端的溫度變化。

光對酒來說也是一大弱點。這是因為日本酒當中的胺基酸或有機酸成分，一旦被光照射到就會產生化學反應。

太陽光就不用說了，螢光燈和殺菌燈等包含紫外線的光源也盡量避開較佳。日本酒的瓶身之所以有上色，就是為了

使光穿透不易以防止劣化。

另外，若和空氣接觸的話，日本酒的風味也會變差。一旦開封，便會從那個時間點開始氧化。

當瓶中的酒量變得越來越少，賸餘的部份和空氣接觸的面積便會增加，就會加快了氧化速度。若沒有一次就把一升瓶等的量飲用完畢的話，分裝到較小的瓶子保存比較好。

日本酒有有效期限嗎？

日本酒沒有有效期限。

它的問題只不過是，究竟是否要在它釀造後，等待它成為成熟芳醇的風味類型？還是為了讓它具備清新風味或華麗特點，而在它仍是新酒的時候就及早飲用的美味類型等各種酒類特性而已。

任何酒剛製成新酒狀態時，除了新鮮的這一面之外，也具有因酒精而感到強烈刺激的另一面。隨著時間經過，酒中的水分子和酒精的分子會溶解結合，那種刺激的感觸便會消失而在口中轉換為溫和滑順的感覺。

我們應該意識到的是，探究各式酒類應以何種飲用方式才是最合適的。

不過，雖然說沒有飲用的有效期限，如前所述，日本酒是對外部刺激相當敏感的酒類。若能注意管理方法的話，任何時刻都可以飲用。

假如能夠長期妥善地保存，也可以當作熟成酒而呈現出新的價值。

嘗試看看，把酒放在冰箱中作成熟成酒試試。在道地口味中尋找變得熟成美味的酒，說不定也是另一種樂趣呢！

多認識酒的小知識

長期熟成酒的歷史

室町、江戶時代便開始有使日本酒熟成後飲用的文化了。不過，因明治時代開始有釀造稅之故，造成熟酒的歷史一度斷絕。在釀造稅的課稅狀態下，由於會從製酒的那一刻開始課稅，導致釀造者若沒有立刻把酒販賣出去便會受到財政方面的壓迫。現在稅制已改變，因此熟成酒又再次出現市面。

研究日本酒長期熟成變化的「日本酒百年貯藏計畫」。由獨立行政法人酒類綜合研究所及長期熟成研究會進行。

日本酒果然是健康的飲品

富含營養成分之日本酒的健康效果

日本酒的美容效果

日本酒化妝水

只是使用精製水稀釋日本酒而已。日本酒中含有的胺基酸可保持肌膚水嫩。

酒糟面膜

酒糟中含有能夠抵禦黑色素沉澱的亞麻油酸和熊果素（arbutin）。持續使用具有美白效果。

日本酒的美容效果，除了用喝的方式之外，也在其他地方被發揮。在加了日本酒的浴盆泡澡，酒澡可以使肌膚不易乾燥，能增加保溼效果，溫熱身體，需預防泡澡的熱水變冷。而且，還可使皮下組織細胞活性化，調節汗腺的異常問題等。此外日本酒化妝水及酒糟面膜也都各自有其美容效果。

其他的健康效果

消除壓力

日本酒當中含有促進血管擴張的腺甘酸（adenosine），可舒緩肌肉的緊張並活化毛細血管的運作。

預防肥胖

攝取後的食物被快速分解的人，被認為具有易胖體質。日本酒及酒糟有使澱粉分解速度變慢的功能。

防止老化

日本酒內含有的麴酸具有防禦・活化細胞老化的效果。而且，因為可以使腦內的血液循環暢通，也有預防記憶障礙的功能。

預防生活習慣慢性病

日本酒有預防壞膽固醇氧化、增加好膽固醇的效果。因血液變得乾淨清爽，不容易罹患各種生活習慣病。

日本酒中含有的胺基酸魔力

在日本酒當中，除了15～16%的酒精以外，還含有胺基酸、有機酸、維他命等約１００多種營養成分。

其中，日本酒裡含有的胺基酸有穀胺基酸（glutamic acid）、丙胺酸（alanine）、白胺酸（leucine）、精胺酸（arginine）等多種胺基酸。

胺基酸作為腦的神經傳達物質，使胃液或唾液分泌來增進食慾。

並且也對於提升免疫功能、預防動脈硬化、心肌梗塞、肝硬化等生活習慣病方面有幫助。

當然，不可為了獲得上述功效而飲用

過量，適量飲用的認知相當重要。

根據日本酒精健康醫學協會表示，一天飲酒的建議量以2合程度（1合＝180ml，即360ml）為佳。

雖然每個人狀況略有不同，但若是上述的量，酒精約在7～8小時左右便會全部揮發。

此外，在空腹狀態下，由於酒到達腸的時間變得較短，因此比較容易喝醉。為了防止急速突來的醉意，飲酒時盡量搭配餐點一起享用。

那時，別忘了要均衡攝取分解酒精時必備的優質蛋白質、糖分及維他命。

日本酒是「百藥之長」

在此，稍微整理一些關於日本酒的健康效果。

據說藏人（從事釀酒的師傅們）的肌膚之所以那麼光滑美麗，就是來自日本酒的美容效果。

本來皺紋和粗糙肌膚就是因為日光產生黑色素的色素沉澱而引起。不過，日本酒中含有的游離亞麻油酸及熊果素，可以有效抑制黑色素生成。

同時，日本酒的保濕效果也備受期待，尤其在防止肌膚乾燥方面，酒澡特別具有效果。浸泡在加有日本酒的澡盆裡，身體會更加溫暖，皮下組織細胞的運作會變得更活躍。

體溫越高，血液循環會越好，血液中的營養成分可以循環到身體最頂端的各個部位。

還不只是如此。日本酒的另一項功能是防止老化。由於記憶障礙是因為大腦的神經傳達物質異常所導致，但日本酒內卻含有能使運作正常化，並能改善記憶能力的活性物質縮氨酸（peptide），再加上日本酒當中也含有能去除促進老化活性氧的抗氧化物質阿魏酸（ferulic acid）。因此能防止老化。

由以上內容可得知，能夠期待日本酒的各種健康效果，確實「百藥之長」就是日本酒呢！

用一杯日本酒紓壓

現代社會正因為處於充滿壓力的狀態，所以才更希望能透過高明的和日本酒互動，來解除緊張情勢。

人體一旦積壓過多壓力，自律神經的平衡便會崩解，導致腦內的血清素不足。由於這個因素，容易使人開始感到煩躁不安且沒有耐心。

日本酒內含的胺基酸當中，便富含補充這種血清素的物質。因此藉由適度飲用日本酒，不僅可以防止產生焦躁情緒，還可獲得放鬆效果。

飲用時口感美味，對健康也有益處的酒，這正是日本酒的魅力所在之一。

P36～37的內容，除了日本造酒組合中央會HP的「日本酒的力量（日本酒のチカラ）」之外，亦參考了多數文獻才製作而成。

COLUMN

在古代日本，曾有用口嚼方式製造的酒？

自古以來，日本便有「口嚼酒」。這種酒被記載於《古事記》及《日本書紀》當中。

而且，西元713年以後編著的《大隅國風土記》中，有記述位於現在鹿兒島縣東部的大隅國村民，將生米咀嚼後吐在容器裡，再經過一晚時間使之發酵來釀造酒等內容。

口嚼酒的原理如下。身為唾液中分解澱粉的酵素──澱粉酵素、澱粉糖化酵素，經過其運作而使米糖化，野生酵母在那邊工作而引起酒精發酵。我們悠閒地花時間咀嚼菜餚所緩緩感受到的甜味，便是因為米在口中糖化而引起。

根據文化人類學者所述，為了離乳期的小孩，而代替他們咀嚼菜餚再放入容器時，只要注意的話，便會發現容器的內容物變為酒，認為這就是口嚼酒的起源。

附帶一提，日本酒的製造經常會用「醸す（釀造）」這個詞，不過也有一種說法認為這是源自於「噛む（咀嚼）」一字。

口嚼酒是廣泛分布於環太平洋地區的獨特酒文化，在靠近中東或歐洲地區都看不見。另有一說，認為這個方法是隨著蒙古人種的移動而傳了出去。從極北地區穿越白令海峽前往北美及南美的路徑，以及南下通過密克羅尼西亞與波利尼西亞的路徑，有這2種路徑。

其原料依國家不同而有差異。從墨西哥到安地斯山脈的中南美是以玉米為原料，亞馬遜是使用木薯，台灣的山岳地帶則是粟子或米。

當中最有名的是印加帝國的cha-cha。在古代的Taxco神殿，女巫們會咀嚼水煮過的玉米再釀製到酒中奉獻給神。至今，印第安人之間仍傳說殘留有口嚼的cha-cha呢。

本頁的內容，除了《日本酒用語入門》（『日本酒ことば入門』篠田次郎　無明舍出版）之外，亦參考了多數文獻才製作而成。

第二章

與喜愛的日本酒相遇的要領

嘗試品酒看看！

朝日本酒的更深層邁進！

捕捉日本酒個性的技術——「品酒」

所謂「品酒」，是將日本酒所具有的個性清楚顯現的一種技術。

一聽到品酒，大概給人一種具備專門技術的行家才能進行的印象吧！確實，精密度高的品酒，若不是已累積許多經驗的專家是無法進行的。

品酒師使用符合ISO規格的品酒高腳玻璃杯。也用於觀察色調及辨別香味。

不過，品酒的目的之一，在於辨別日本酒所具有的味道和香氣。和初學者探索自己偏好的日本酒的這部份不謀而合。

品酒時，首先以目視確認倒入酒杯的日本酒外觀，接著聞它的香味。然後含入少量於口中，辨別這味道含在口中時含香的特徵。

正式的品酒場合，含在口中的日本酒不會吞下，大多會吐出在名為「吐器」的器皿中。這是為了避免產生醉意而使感覺遲鈍。

確認日本酒外觀的重點

品酒的時候，首先需先從外觀判斷日本酒的健全度及黏著性。不過，若不是專業人士，倒是沒有必要太過拘泥外觀狀態，只需要注意健全度的外型即可。

應注意的是導致日本酒劣化的變色。被放置在因太陽或螢光燈等紫外線照射過的日本酒或是處於高溫環境下的日本酒，會變成黃色或褐色。

只不過，若只靠外觀，很難判斷該狀況是否是因為劣化才導致變色。這是因為成熟的日本酒、貯藏在木桶的日本酒、以及未經過濾步驟的日本酒，也有同樣是黃色或褐色的情況。

儘管與熟成酒、樽酒、無過濾的日本酒無關，如果看到色澤不純的話，就試著懷疑其劣化的可能性吧！

此外，藉由觀察黏著性，可以預想到日本酒入口時的形象。

香味和甜味成分較多的日本酒，黏稠度會比較強，舌頭的感覺也變得細柔綿密。

品酒的禮貌

品酒時，由於環境會左右其感覺，因此在正式的品酒場合中，必須注意儀容、避免說不必要的話、以及禁止抽菸等禮貌。

✕ 口紅

在正式的品酒會上，可能會把一個品牌的日本酒使用同一個酒杯輪流給參加者品嚐。因此，在酒杯上留下口紅印是絕對禁止的。口紅的成分也可能會影響味覺或嗅覺。

✕ 香菸

和香水相同，香菸的味道也會造成周圍的困擾。

✕ 香水

很多香水的香味比日本酒所具有的香氣更濃烈，不僅會影響到自己，也會使周圍民眾的嗅覺紊亂。參加品酒會的時候，請避免噴灑或擦拭香水。造型髮雕等整髮劑也有相同要求。

多認識酒的小知識

日本酒也有「紅色」的嗎？

你知道日本酒也有「紅色」的嗎？

「紫黑米」這種古代米，在米的表面上有黑紫色的米糠。因為比平常使用更少量的精米，且留下米糠進行釀造，才釀製成了紅色的酒。

使用這種紅色米的日本酒，因含多酚類，在健康風潮高漲的背景下，近年來頗受注目。

製造紅色日本酒，除了前述般使用紅色米的方法以外，也有使用紅麴的方式。

使用紅麴的方法，是在新潟縣釀造試驗場開發的。紅麴具有紅色的色素，因該色素溶入酒內而釀製成紅色的日本酒。

京都的女性杜氏從古代米釀造出的向井酒造「伊根滿開」。

高明的展現出日本酒的香味

辨識香味是品酒基本中的基本

以4大範疇作為基礎

表現日本酒香味的時候，經常會使用蓮花的花、蘋果、或上新粉來表現。

這時，必須注意舉例的方式。

想要高明地傳達既複雜又纖細的日本酒香味的秘訣，在於舉出具體的香味實例，讓影像能容易傳達給對方。

日本酒的香味表現大致可以使用「華麗」「清爽」「沉穩」「飽滿」來呈現。

至於每種表現項目各使用哪些香味舉例才合適，可以參考左頁的圖。

構成日本酒香味的3要素

像這樣為多樣日本酒的香味賦予特徵的背景中，有3項要素。

其中一項是原料香。

很多以米為原料的日本酒，都保有源自原料的米的飽滿香味。

另一項是常見於吟釀酒等酒的吟釀香。

吟釀香當中，具有果實或花卉般既華麗又甘甜的香味，同時又帶有同屬於果實的檸檬般酸酸的清爽香味。

然後最後是熟成香。

若感受到如糖蜜般濃厚的甘甜香，以及調味香料般刺激的香味，便能夠推測那些酒已經經歷了熟成過程。

這些要素並非一定得各自獨立才能存在，它們互相混合的情況也很多。

例如，雖然是純米酒卻進行吟釀製法而釀造出的純米吟釀酒，就混合了純米酒特有的米香，以及吟釀製法所產生的華麗香氣。

香味類別及表現範例

日本酒的香味大致可分為「華麗」「清爽」「沉穩」「飽滿」4類。即使同屬華麗香味，當中也有分為會令人感到果實甘甜的豐富香味，以及具有花卉香氣的華麗香味。

在下圖表示了香味類別及具體的香味表現範例。

例如，如果感覺某種酒的香味呈現出香蕉的香甜，以「令人感覺到香蕉甘甜的豐富香味」來表現的話，應該會比單純以「香甜」更能具體表現出實際味蕾上的感受。不過，這只是表現的範例，各自的感受還是得靠個人花心思思索出其感覺的表現方式。

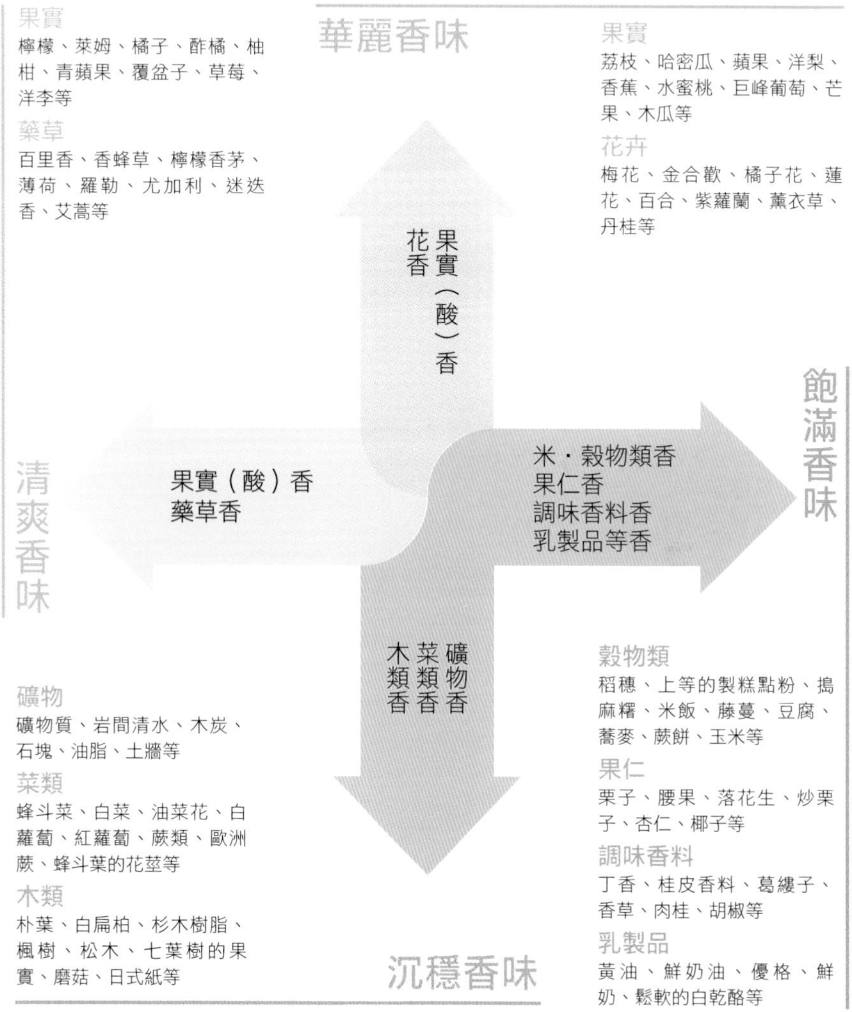

這就是日本酒的品酒方式

只要能發掘多種品味方式，喜好的味道便會擴展

全部的日本酒都是甜的嗎？

本篇要再次確認日本酒無法只分類為甜味及辣味兩種。

原本日本酒就含有由米而來的甜味。

而且，辣味的程度會因每個人的感受方式而略有差異。如果有因酒精引起的物理刺激而感覺是辣味的人，自然也有因酸味或苦味而感覺是辣味的人存在。

因此，只用甜、辣描述，是無法表現出日本酒本身特徵的。

重要的是，必須掌握各個日本酒具備何種元素的味道。

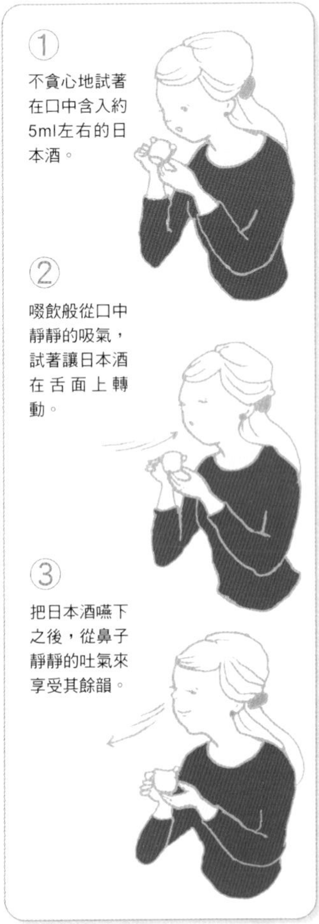
①
不貪心地試著在口中含入約5ml左右的日本酒。
②
啜飲般從口中靜靜的吸氣，試著讓日本酒在舌面上轉動。
③
把日本酒嚥下之後，從鼻子靜靜的吐氣來享受其餘韻。

複雜的日本酒五味，用舌頭細細捕捉！

日本酒的味道，基本上是由甜、酸、苦、香、酒精感等五感構成。品酒時，必須要能意識到這五種感覺裡哪一種要素特別強烈。掌握到含在口中的印象後，試著讓日本酒緩慢地在舌面上轉一轉，穿過整片舌頭。由於舌頭不同部位的感覺會有所差異，藉由使用舌頭的各個角落，應該能更容易捕捉到味道的特徵。

此外，把日本酒含在口中時，從口中

感受到味道的順序

會以以下的順序感覺到日本酒的味道。若集中意識品嚐味道的話，依時間差，應該可以感覺其呈現出不同樣貌的味道吧。

入口的觸感（飲用口感） ◀ 甜味 ◀ 酸味 ◀ 苦味・澀味 ◀ 香味 ◀ 餘韻

和其他的酒類相比，日本酒的味道特徵在於其香味及甜味。試著用這2個要素為中心捕捉看看。

後香
也稱為含香。指含在口中時迴旋在鼻子周圍的香氣。

入口的觸感
乾爽感、圓潤或渾濁等觸感。

蔓延到鼻腔的香味稱為含香。含香是吞嚥日本酒之後，會與殘留在喉嚨及舌片上的餘韻同時左右和料理屬性相合與否的重要因素。

　首先，先試飲各式各樣的日本酒，試著用自己的舌頭感覺，捕捉自己喜好之日本酒具有何種特徵吧！

多認識酒的小知識

被國際認識的「UMAMI」

自古以來，西洋料理中，便認為「香味（UMAMI）」難道不算是一種獨立的味道嗎？進入20世紀後，由3位日本人發現了麩酸（glutamic acid）、肌苷酸（inosinic acid）、鳥苷酸（guanylic acid）等三大香味物質。在那之後，歐美學會也承認香味的存在，而日本誕生的「香味（原文「旨味」，讀音為UMAMI）」便成為國際使用的「UMAMI」。

日本酒要到哪裡買才好呢？

日本酒初學者應當試著到駐有品酒師等專業人士的店鋪

為了覓得心愛的一瓶酒的場所

若是在以前，購買日本酒的場所只限於跟酒類量販店（城鄉鎮內的賣酒鋪）交易。

但是到了現在，只要在附近的超級市場或便利商店就都買得到。甚至還有販售日本酒的網路商家，已經是人在家裡就可以下訂單的時代。

雖是這麼說，但每家店都有各自專精與不擅長的部分。首先應先瞭解各店鋪的傾向，確認是否符合自己的口味會比較好。

認識各店鋪的優點

便利商店	・購買容易 ・小瓶裝較多 ・價格合理
超級市場	・購買容易 ・價格合理 ・季節商品充足
酒類量販店（賣酒鋪）	・若是專門店，大多可以獲得親切的建議 ・有可能可以買到店主珍藏的日本酒
百貨公司	・可購得限定品等特殊品 ・有可能遇到能試飲的機會 ・有可能可以和酒藏見面
網路商店	・可以在家裡完成訂購 ・可以從眾多種類中挑選

【優良店鋪的選擇方式】

那麼，為了覓得自己心愛的一瓶酒，究竟應該到什麼樣的店鋪選購才合適呢？

首先，最基本的選擇方式，是必須先確認是否有進行日本酒的溫度管理。因為，日本酒是一種會因空氣或溫度等外在因素影響而立即劣化的酒。所以盡可能到備有日本酒專用冷藏設備的店鋪選購。

近年來，在極講究的酒藏當中，未透過批發業者而直接跟溫度管理嚴謹的店鋪進行交易的業主開始增加中。

是否是和酒藏直接交易，也是選擇店鋪的一項指標。

此外，優質的店鋪裡，通常喜愛日本酒的店員很多。想當然耳，他們具備的知識也相當豐富。若有擁有品酒師資格的人駐店的話，那就更好不過了。假如是有那種店員的店，應該也可以對我們的詢問提供最適切的建議。

詢問建議的時候，以「偏好較濃郁的類型」等方式傳達特徵。若能用更具體的方式詢問，例如「我喜歡類似高知的『美丈夫』那種酒，請問有什麼推薦品嗎？」，會更清楚合適。

另外，也推薦會使用宣傳單或手繪ＰＯＰ提供資訊的店鋪。最終極的要點，是該資訊是否能書寫成外行人也可以理解的內容。

東京都中野區「味的堅持者」（日文店名「味のマチダヤ」）的冰酒窖。因應日本酒的種類進行溫度調整的保管。

多認識酒的小知識

與酒相同，也要確認酒糟！

去購買日本酒的時候，除了日本酒之外還有其他必須確認的項目。那就是酒糟。

酒糟是從混含渣滓的濁酒中抽取出日本酒後所殘留的固態物。不管是哪一種日本酒，在其製造過程中都會產生酒糟。

當中，也有像擠壓大吟釀酒或純米大吟釀酒時產生的酒糟。高級的日本酒會盡可能的避免在混含渣滓的濁酒上施力擠壓。因此，以酒糟來說，它殘留的成分比其它的酒類更多，能製成香味豐富又柔軟的酒糟。

這一類的酒糟幾乎無法取得，不過，若是致力於日本酒的店鋪，也有可能可以從有商業往來的酒藏那裡直接取得酒糟。

只要仔細的確認好店鋪，說不定也能夠取得心儀品牌的酒糟呢！

依釀造方式及容器選擇

依酒母的不同及未過濾酒的製法差異來選擇日本酒

根據釀製方式差異

生酛系酒母

生酛釀製法
速釀酛開發之前製造酒母的主流手法。從乳酸菌生成培養酵母所需要的乳酸。比起直接添加乳酸的速釀酛耗費時力。

→ 省略了「山卸」步驟

山廢酛釀製法
進行生酛釀製法時省略了山卸步驟（為提升麴的糖化速度，以人力搗碎蒸米的步驟）的釀製手法。

（山卸的全稱是「山卸廢止」）

↕

使用速釀系酒母（速釀酛）

一般的日本酒

琺瑯容器釀製法 ↕ 木桶釀製法

三段釀製法 ↕ 四段釀製法

木桶釀製法
在以前，木桶是製酒時使用的容器。它雖然比主流的琺瑯容器在溫度管理或衛生管理上都顯得更困難，但是卻能夠釀製出難以言喻的複雜味道。

四段釀製法
相對於把原料分成三次投入的三段釀製法，這是在發酵結束後，再添加一次蒸米到醪當中進行糖化的手法。用於打算把酒做得更甜一些的情況。

運用各式各樣處理的差異來顯現日本酒的個性

序章當中，已敘述分類為8種特定名稱酒及那些酒之外的普通酒。

但是，各個日本酒的個性差異，並非只靠那樣決定。例如，有「生酛釀造法」及「無過濾生原酒」這樣的表記方式。在與一般日本酒進行不同處理的日本酒上，可能會增加那樣的標示。

從本頁到55頁為止，將介紹一部分使用不同處理而產生的日本酒差異。處理的差異當然也會顯現在香味上，也可以作為選擇日本酒的參考項目之一。

透過釀造方式及容器的差異．日本酒的代表範例

山廢酛釀製法

用山廢酛所釀製的日本酒，比起使用速釀酛的酒，多了以煎培香及乳酸菌帶來的酸味。

天狗舞
山廢純米吟釀

車多酒造

生酛釀製法

生酛特有的奶油香及複雜濃郁的味道，經由各種微生物的活動衍生出來。

大七
純米生酛

大七酒造

木桶釀製法

透過使用木桶進行釀製，可釀製出沉穩又飽滿的木頭香及珐瑯容器無法製造出來的複雜味道。

五橋
木桶釀造純米酒

酒井酒造

四段釀製法

用三段釀製法等待醪發酵完成之後，經由再添加一次蒸米進行糖化的過程，可製造出甜味較強的酒。

貢獻上主之獻上酒
秋冴甘口（四段釀製）

潛龍酒造

若依釀造方式及容器選擇的話，便能更瞭解酒藏的堅持

截至最終包裝出貨為止，日本酒在製造當中有各式各樣的過程。

其中極為重要的是，釀造方式以及該步驟前一階段的酒母製造。從進行精米、蒸米等處理的原料米，來製造完成所謂的日本酒原型——混含渣滓的濁酒（醪）工程。在現在多數的日本酒當中，通常使用稱為「速釀酛」的酒母，以名為「三段釀製法」的方式製造醪。（詳細請見P.108～P.111）

相對於上述，如前頁上圖所表示，過去已有生酛系酒母，且生酛系酒母還可以分類為生酛及山廢酛。而醪的製造方式中，除了三段釀製法外，還有四段釀製法及五段釀製法。若觀察容器的話，也有不是使用琺瑯容器，而是使用傳統木桶來釀製的木桶釀製法。

只要選擇決定酒質重要流程的釀造差異，酒藏的態度便變得很容易瞭解了呢。

依壓搾方式選擇

只要能夠用壓搾方式做選擇就算是日本酒達人？

根據壓搾方式差異

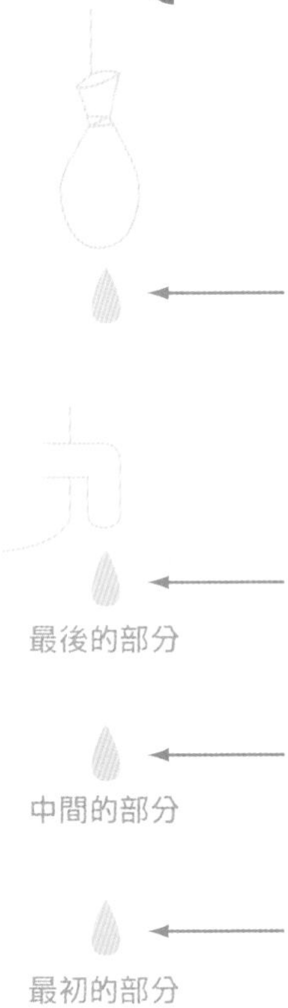

袋吊（斗瓶）

並非對裝入酒袋的醪施加壓力，而是利用重力從垂吊的酒袋中收集自然滴落之酒液。如此可以提煉出華麗香氣，由於出廠量少而成為高價商品。

責酒

在木槽搾醪最後階段採集的酒。味道的形成因素較多。也叫作「壓洳酒」。

中取酒

是「荒走酒」之後，上槽處理中期時所採集的日本酒酒液。其香味平衡非常好。也被稱作「中汲酒」、「中垂酒」。

荒走酒

木槽壓搾醪的初期，因袋堆積起來的重量造成自然溢出的酒。由於不需要施加多餘的壓力，具有無雜味的香味。

衍生出獨特香味的壓搾方式

你知道依醪的壓搾方式不同，日本酒的香味也會改變嗎？把壓搾方式視為重要選項來選酒，也不失為一個有趣的方式！

所謂壓搾（搾り），是一種搾醪時把日本酒酒液和酒糟分離的作業。現在，大多數的日本酒都是使用自動壓搾機搾醪。對此，過去有「槽搾（槽搾り）」以及搾高級酒時使用的「袋吊（袋吊り）」等壓搾方式。

經由費工耗時又慎重地壓搾，會出現和自動壓搾機完全不同的香味。

在槽搾時，會把裝有醪的酒袋重疊鋪

根據各不同壓搾方式之日本酒代表範例

中取酒

僅收集酒質穩定的中段部分，能製成香味平衡的出色之酒。

風之森
純米秋津穗　真中採集
油長酒造

荒走酒

壓搾初期迸出的荒走酒，具有清新香氣及豐富味道所組成的強烈衝擊。

司牡丹
生鮮酒（冬）　荒走酒
司牡丹酒造

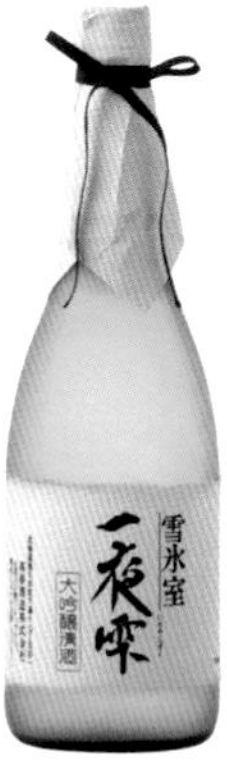

袋吊酒

吊起放入醪的酒袋，僅採集其自然滴落的酒液。雖然耗時較長，但完成的酒帶有華麗又纖細的香味。

大吟釀清酒
雪冰室　一夜雫
高砂酒造

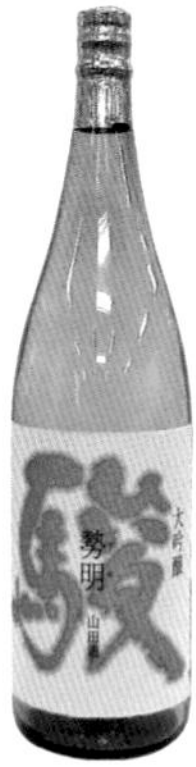

責酒

香味濃郁，雖然大多會以其他部分和採集的酒液混合，但只要醪的成品佳，也可能會只出廠責酒的部分。

駿　大吟釀
勢明
磯之澤 ISONOSAWA

在名為「木槽」的壓榨機中。然後從重疊的酒袋上方施予壓力，採集搾出的酒液。

此壓榨方式配合搾出階段，酒的稱呼名稱也跟著改變。

壓搾開始時首先搾出的酒液稱為「荒走酒（あらばしり）」，荒走酒本身具有無雜味的美好香味。

荒走酒搾出結束後，酒質開始趨於穩定。這時所採集的是香味平衡確實的「中取酒（中取り）」。

接著最後搾出的是稱為「責酒（責め）」的濃酒。

袋吊法則是更費工的壓搾方式。吊起裝有醪的酒袋，採集自然滴落的酒雫（酒液）。

以袋吊法搾出的酒，由其採集方式的模樣，可稱為「雫酒」（意即「滴落的酒」）；若與採集、貯藏容器相關的，則可稱為「斗瓶（斗瓶囲い）」。

依釀製方式選擇

日本酒當中也有「生」的世界

根據過濾方式差異

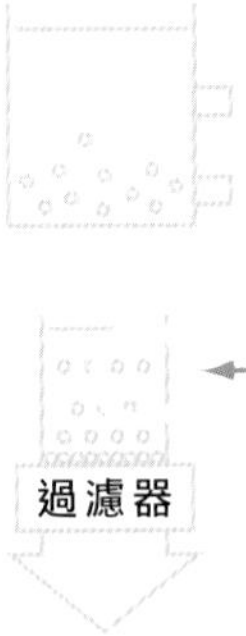

渣滓

木槽壓搾後立即把酒除渣，之後通常會從有2個飲酒洞口之中的上飲口抽出酒液。而從下飲口取出之加了渣的酒，便是「渣滓酒」。

無過濾

透過過濾步驟雖然可以使酒的清澈度提升，但同時也可能把必要成分去除了。「無過濾」的酒液則是指去渣後不再進行過濾的酒。

根據加熱時間點之差異

一般的日本酒

生詰酒

僅在貯藏前進行加熱的酒。

生貯藏酒

在未經加熱的狀態下貯藏，僅在裝瓶前進行加熱的酒。

生酒

釀造後，連一次加熱都沒有進行的酒。

認識過濾、低溫加熱殺菌、加水調節！

依據出廠前的釀製程序，日本酒的種類也被分為許多方面。

刻意地不除渣而直接製成商品的，稱為「渣滓酒」；若省略過濾步驟的，則是「無過濾酒」；依加熱處理的有無，分為「生酒」「生詰酒」「生貯藏酒」，酒的種類變化多端！

此外，省去通常會進行的加水調整步驟而以高酒精濃度直接出廠的話，便成為「原酒」。

最近受到歡迎的「無過濾生原酒」，是上述中「無過濾」「生酒」「原酒」等特徵皆並存的酒。

根據各不同釀製方式之日本酒代表範例

無過濾酒

無過濾的酒，不會失去酒原來的味道。也能證明具有可以製出未經過濾便調整好味道的技術。

泉橋
純米吟釀　惠　藍標

泉橋酒造

渣滓酒

渣是美味成分的固體狀態。只要在新鮮生原酒中加入極少的渣，便能誘發出出乎意料的溫和美味。

義俠
純米生原酒
渣滓酒　山田錦

山忠本家酒造

生貯藏酒

舒暢易入口是生貯藏酒的特徵。由於曾加熱過一次，也比生酒更具有保久的優點。

兵庫縣播州產
山田錦生貯藏酒

澤之鶴

生詰酒

生詰酒具有如生酒般的清新感以及因加熱熟成而產生的圓潤味道。

加賀鳶
純米吟釀
首次試飲檢查　生詰

福光屋

原酒

原酒由於未經加水調整，故其酒精濃度比一般日本酒高出許多。而且，與酒精一樣，是香味和濃味都很強烈的酒。

天穩
純米無過濾原酒

板倉酒造

生酒

生酒的特徵是出廠前未經任何加熱的原始清新感。因酵母活動之故，具發泡性的商品也很多。

龜泉
純米吟釀生　CEL-24

龜泉酒造

依貯藏方式選擇

新酒和老酒的口感差異也是日本酒的特色之一

味道釀成的方式 依熟成程度變化

日本酒並不是製造完成後就會立刻推出市面的。雖然有些會以「新酒」之姿立刻面市，但也有在酒藏貯藏半年左右才出廠的。此外，日本酒會依貯藏時間不同，造成味道的狀況有所改變。

近幾年刻意擺放數年才出廠的婚宴用日本酒也逐年增加中。

另外，也會因貯藏容器不同而出現差異。「樽酒」是指貯藏在木桶中而含有木香的酒，並不是一定會以木桶裝酒的方式販售。

貯藏期間酒液的變化

貯藏期間	
新酒	**新酒** 於製酒的冬季便出廠的剛完成的酒。也叫作「現搾成品（搾）」。在日本酒業界，特指自7月1日迄翌年6月30日的酒造年度內製造出廠的日本酒。
半年	**冷卸酒** 春初的加熱步驟之後靜置一個夏季使它熟成，等到酒的貯藏溫度和室外溫度幾乎相同的秋初，再以未經加熱的狀態直接出廠。由於擺放經過了一個夏季，味道變得更入味好喝，因此也被稱作「秋成酒」。
1年以上	**老酒** 根據酒藏提出之見解，只要是前酒造年度製造的日本酒就算是老酒。一般把貯藏達3年、5年、10年、15年以上的酒稱為老酒，其餘則稱為熟成酒。

根據各不同貯藏期間之日本酒代表範例

冷卸酒

加熱後放置一個夏季使之熟成，濃郁圓潤的香味遂而形成。

春鹿
純米吟釀生詰
冷卸酒

今西清兵衛商店

新酒（現搾成品）

清新新鮮的味道是新酒特徵。連初次接觸的人也能輕易入口。

特別純米現搾成品
無濾過

神杉酒造

黑松翁
秘藏老酒十五年者

森本仙右衛門商店

老酒

靜置數年的老酒具有圓潤黏稠的柔順口感。琥珀色調，以及果仁或辛辣般的熟成香是老酒特徵。

獨樂藏
玄 圓熟純米吟釀 2006

杜之藏

祝賀筵席以外很難得見到的樽酒。但若是親自訪問酒藏的話，便很有機會能品嚐得到。相片為東京的石川酒造。

樽酒

貯藏於杉木等木桶中，是木頭菁華移轉至酒身的酒。可以好好品嚐在木桶熟成而產生的清澈香氣及獨特的濃郁口感。

吉野杉　樽酒

長龍酒造

把品飲過的日本酒確實做好記錄！

若好不容易才喝到卻立刻就忘掉那股口感，實在是太浪費了！

試著把品嚐過的日本酒做成記錄

尋找一瓶中意的酒，實在是條漫長的路程。假如試飲駐留在眼前的一、二瓶便意外發現「就是這瓶酒！」，雖然不算辛苦，不過還是會有因品飲數量不夠而無法窺視到的部分。

為了不要輕易遺忘，我建議把飲用過的日本酒寫成記錄。

自己作的記錄以後就算只是重新翻閱也會相當有趣，與同樣喜愛日本酒的友人把那些記錄搭配菜餚再一同飲酒，難道不也是分外有趣嗎！

為什麼做記錄如此重要？

記錄飲用過的日本酒有多項好處。

首先，浮現腦海之日本酒的印象透過文字方式書寫出來，能使日本酒的表現變得更豐富。

不過，如果要書寫成文字，但腦海中卻只有渾沌糊塗等記憶的話，是沒辦法順利描述的。必須要轉換成更加具體的方式。

透過長久累積書寫出印象，不需多久便能在品飲的瞬間突然「啪！」的以具體方式把所想到的表現出來了。

其次，在飲用所擁有的日本酒時，會變得容易通曉品飲方式。日本酒釀造後，味道會隨著時間變化。只要記錄好製造日期，便能夠知道「名為○△正宗的酒，自製造日約經過1年後會最入味好喝」「○△女兒酒帶有新釀造才具備的清新感！」等變化。

此外，日本酒的飲用溫度範圍極廣，不同溫度時，日本酒呈現出的個性也會改變。

只要大略記錄飲用時的溫度，如「之前以冷酒方式品飲的○△山稍有不足，下次試試看溫熱的方式！」等，就可成為下次飲用同一款日本酒時的判斷資料。

試著以這種感覺做成記錄

品酒師的品嚐感想

專家的評論是站在必須解說給其他人瞭解的立場，因此需要非常詳細的描述特徵。不過，個人的記錄在於享受品酒樂趣，不需要描述到這麼詳細。

外觀	健全度	清澈度、透明度高、健全。
	具體色調	幾乎接近無色透明的色調。
	黏性	中等程度
香味	強度	弱・稍弱・中等程度・〔稍強〕・強
	複雜性	單純・〔稍單純〕・中等程度・稍複雜・複雜
	具體特徵	以使人想到果實的華麗香味為主體。讓人感覺到蘋果、生哈密瓜、西洋梨、鳳梨般的酸甜果香。幾乎沒有原料米或熟成所需等材料的味道。
味道	刺激性	弱・〔稍弱〕・中等程度・稍強・強
	複雜性（濃淡）	淡麗・〔稍淡麗〕・中等程度・稍濃醇・濃醇
	甜辣度	辣口感・〔稍辣口感〕・中等程度・稍甜口感・甜口感
	具體特徵	滑順口感及華麗含香是其特徵。以極具侵略性般擴散的甜味使人感覺到滑順口感。伴隨著稍具刺激性且味道鮮明的酸味。甜味並不持久，從後半到餘韻轉變為苦味及酒精的刺激感，最後等待乾燥感結束。香料調味方面，可以強烈感受到和最頂級相同的華麗香氣。餘韻較短。
	香料調味	低・稍低・〔中等程度〕・稍高・高
	餘韻	短・〔稍短〕・中等程度・稍長・長

個人的品嚐感想

20XX年△月X日

品牌：○△正宗　純米吟釀

製造日期：20XX/3 …… 若把製造日期記錄下來的話，便能夠得知商品經過多久才會比較美味。

飲用方式：冷酒 …… 日本酒會因溫度而使口感產生極大變化。確認看看什麼樣的飲用方式才最符合自己的口味吧。

感想 …… 只要把想到的事情誠實的寫下來即可。在數量逐漸增加的過程裡，表現也會變得豐富，注意到的部分也可再次增加。

顏色是無色透明。散發著蘋果般的甘甜香氣。
起初的口感甜甜的，但之後感覺到酸味和苦味。
餘韻並不怎麼明顯，一下子味道就散掉了。

評價：60分 …… 由於只不過是個人評定，以簡單計分的方式即可。要是能和熟人互相討論彼此的評分，保證一定能帶動氣氛！

酒器是擴展日本酒世界的重要項目

只要試著變換酒器，便能感受日本酒的深奧

透過酒器的展現，為日本酒增添不同風情

在接觸日本酒的世界時，以酒器為開端也不錯。

隨著日本酒文化的發展，也有各式各樣的酒器應運而生。酒器並非只是單純扮演裝酒容器這個角色，也是飲用場合中不可或缺的演出角色。

若手邊有充滿風情的酒器的話，應該會不自覺得想要尋找可以搭配該酒器的日本酒吧。

其次是實際選擇酒器時必須事先知道的幾項要點。

依形狀分類的杯具

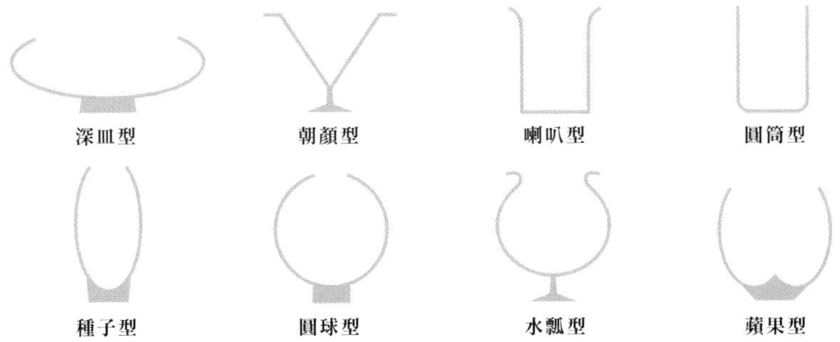

選擇酒器的要點

首先必須熟記在腦海的是日本酒和空氣的接觸方式。日本酒一旦和空氣交會，香氣就會活性化。

例如，對於新酒等香味尚未開啟的日本酒，可選擇開口較大的酒器，或是換裝到一面有倒嘴的酒壺，增加日本酒和空氣接觸的機會較佳。如此一來，可以使香味活絡起來。

香味的呈現也會受到酒器左右，以具有豐富吟釀香的日本酒為例，可以選擇香味從底部擴散到開口的喇叭狀類型，或類似葡萄酒的玻璃杯般香味能停留在內部的類型等，都是不錯的選擇。

還有一點，選擇可活化日本酒顏色的酒器也很重要。像老酒或貴釀酒等，是具有鮮明金黃色的日本酒。對於這一類的日本酒，可選擇玻璃製等具有穿透性的酒器，讓飲用時可以對該酒的獨特顏色產生愛意。

多認識酒的小知識

何謂喝光之前
絕不能放下的「可杯」

在品酒名地高知，有一種名為「可杯（べく杯）」的宴會專用酒器。在這種可杯底部，有一個若不用指頭按住便會漏出酒液的小孔，在構造上，是屬於無法放置在桌上的杯子。總之，當注了酒之後若沒有飲用完畢是不能夠讓手離開杯子的。在當地的宴會該由誰來使用這個杯具飲酒，另有擲骰子決定的規則。

右下方的面具杯是小酒杯1杯的容量。最大的天狗杯是小酒杯5、6杯的容量。

陶器

具有泥土質樸特色的陶器。
令人想在放鬆的氣氛下享受
其手感與口感。

驚鴻一瞥的金箔奢華

能將黑色釉藥與點綴於內側金箔的對比，皆淨收眼底的京燒日式酒瓶與小酒杯。日式酒瓶正好做成與手貼合的形狀，令人想以掌心感受溫酒的熱度並專注地品嚐。

享受泥土擁有的自然表情

（右）益子燒酒盅的琉璃色彩令人想以冷酒來與之搭配。

（下）充滿野趣寂靜感且簡樸的信樂燒酒盅。

藤蔓圍繞的握把帶出其品嚐氛圍

內側光澤感使人聯想到珍珠的信樂燒附把手的單口壺與酒盅。

（酒器提供：和之器 田窯）

近乎透亮的白瓷是有田燒的魅力

（右）有田燒的單口盅。瓷器擁有的透明感更襯托出酒液的水漾感。

（下）鑲嵌著無數玻璃的有田燒小酒杯。可藉注入熟成酒等有色酒液來詮釋出高級感。

傳統紋飾所醞釀出的日式品酒店氣氛

九谷、長右衛門窯的八角大酒器，是以赤繪的櫸樹紋樣與青色山水紋樣交互反復而成。被視為九谷燒起源的古九谷，一般認為是由江戶時代初期自肥前有田導入技術而開始。

瓷器

擁有輕薄白瓷質地與玻璃般滑順硬質感的瓷器，令人想將其細緻質感運用於多樣場合。

（酒器提供：和之器 田窯）

歪曲的形狀卻給人異樣的好印象

深褐色的有田燒日式酒瓶與小酒杯。由於是使用尖角設計的緣故，因此正好能與現代氛圍緊密地嵌合。

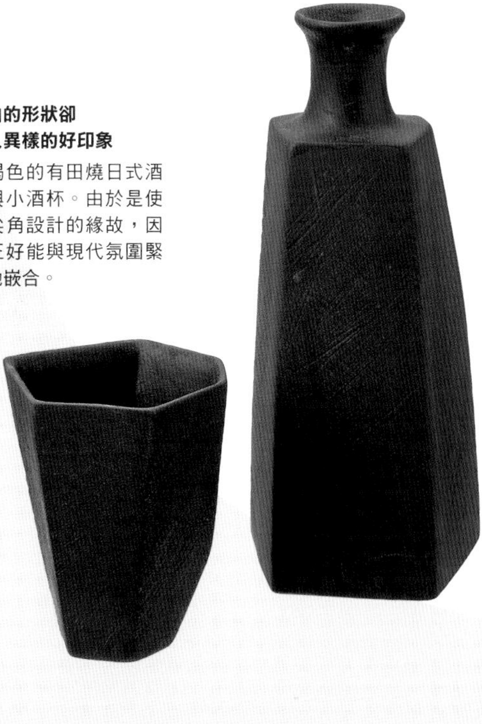

真想用這種**酒器**喝一杯！

錫

自古以來被視為珍寶的錫器，一般認為能去除酒的雜味，使味道更為圓潤。其導熱性亦佳，不論是溫酒或冷酒皆能享受到其美味之處。

底部浮現的新月是重點

純錫製的單口壺與酒盅。底面有新月形狀的加工，只要倒酒便會看到月牙搖曳。是一邊賞月一邊飲用中秋時節上市的冷卸酒時最適合的酒器。

翻至杯底便會出現虎臉的趣味小酒杯

（右）乍見之下平凡無奇的錫製小酒杯，

（下）但翻至杯底其實是繪有虎臉而玩心洋溢的酒器。

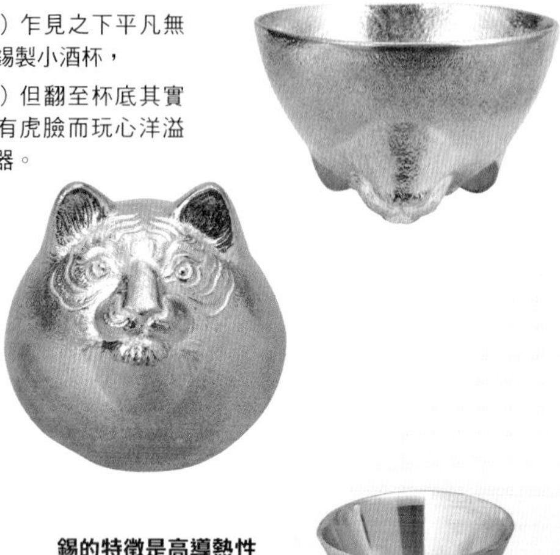

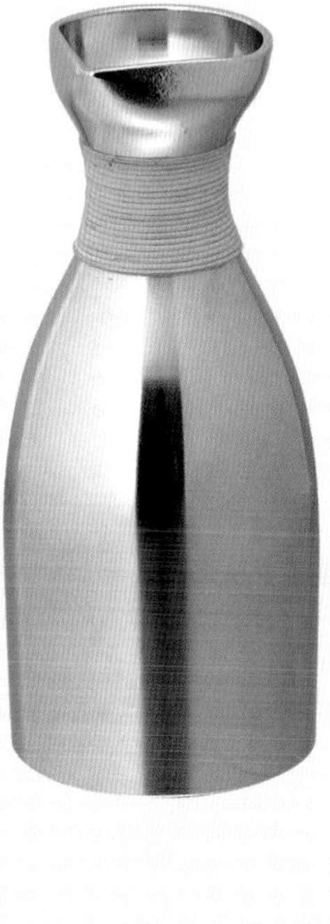

錫的特徵是高導熱性

使用錫製的日式酒壺可將酒均勻溫熱而不易發生溫度不均的情況。

（酒器提供：釜淺商店）

玻璃

外觀特徵令人感覺涼爽的玻璃酒器，與冷酒的搭配，實屬絕妙之選。

玻璃酒器的特徵是活絡酒液色調

（下）精緻刻磨花紋分外映襯出清涼感的江戶切子。（右下）和風藝術玻璃杯相當適合濃醇的熟成酒。（右）器皿開口大小適中，更能享用其中所蘊藏的酒香。

木

觸感柔順的木器散發出淡淡木香，更襯托出迷人酒味。

想尋求溫暖與柔情，木器絕對是不二之選

（左）每當靠近嘴邊便能感受到些許杉木芳香的秋田杉酒盅。（左下）色彩各異的木漆小酒杯。（下）秋田杉一合容量的日式酒瓶。若將酒存入瓶中並直接置於冰箱內保存的話，便可做出自家製樽酒。

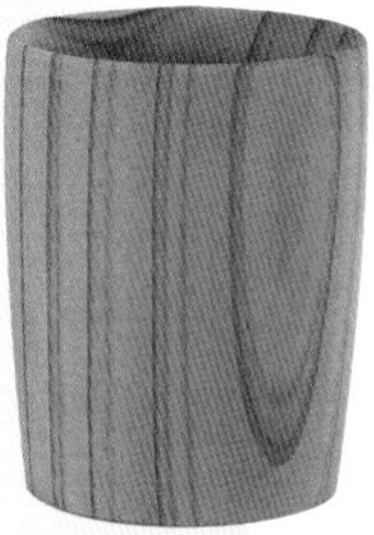

（酒器提供：〈所有日式玻璃酒器、木器〉和之器 田窯；〈江戶切子〉東京雕花玻璃工業合作社）

各商品洽詢方式（限日語）：
和之器　田窯　TEL：+81-3-5828-9355
釜淺商店　TEL：+81-3-3841-9355
東京雕花玻璃工業合作社　TEL：+81-3-3681-0961

COLUMN

挑戰成為日本酒的酒侍、品酒師！

對於想要重新感受日本酒精湛之處、認為「一定要把日本酒的魅力告訴別人！」「只是享受其樂趣還不夠，想要再更深入地接觸日本酒的世界！」的各位，我想要為您們介紹「品酒師」資格的相關內容。

品酒師徽章是品酒師的證明。

如葡萄酒的酒侍一般，具備日本酒的專業知識，透過品酒來判斷該酒特性的專家，便是「品酒師」。

在日本唯一執行「品酒師」資格認證的是已經在前文介紹過的「SSI（日本酒サービス研究会・酒匠研究会連合会）」。

品酒師資格認定的考試項目分為4項，①與酒類全體相關的基礎知識（筆記）、②與日本酒相關的專業知識及企劃立案（筆記）、③日本酒香味與味道的表現及提案（品飲）、④日本酒的基礎知識・服務方式（口頭測驗）等，以個別提問的方式進行。

為了參加認證考試，雖然事前必須要接受課程講習，不過，有會場課程、通學課程、DVD課程等配合各種形式的課程，可依自身狀況選擇授課方式。此外，結束了共6次的通信刪改後，也有準備資格認證的通信講座。

認為「雖然蠻有興趣的，但是看起來好像很難」的人也請放心。因為考試題目會從這些授課內容或教科書中出題，若說得誇張一點，就算是目前為止仍未飲用過日本酒的人，只要確實認真地研讀講義，出席考試時就應該能夠合格。

想要「去考個什麼資格吧！」的您，何不藉著這個機會嘗試取得「品酒師」的資格呢？尤其近年女性品酒師也逐漸增加著呢！

唎酒師呼称資格認定証

認定番号

貴殿は、日本酒サービス研究会・酒匠研究会連合会の認定する唎酒師の呼称資格を有する者であることを証します。

日本酒サービス研究会・酒匠研究会連合会
会　長　飯嶋　好彦
名誉創設者　高橋　篤

特定非営利活動法人FBO
理事長　右田　圭司

出雲　佐香神社　久斯之神

KIKISAKE-SHI

DIPLOMA

Recommendation of the JAPANESE SAKE SERVICE INSTITUTE and KIKISAKE-SHI GUILD

is hereby conferred with the title KIKISAKE-SHI

Chairman YOSHIHIKO IIJIMA 飯嶋好彦

記載了酒神——島根的佐香神社之名——的資格證書。

第三章

探訪日本酒的製造推手「酒藏」

風土孕育的地方酒文化蔓延開展

地點改變的話日本酒也跟著變化

所謂地方酒，就是反映當地文化的日本酒！

日本酒，是以米及水為原料，藉由微生物為起始的自然之力所製造出來。因此味道深受釀酒廠所處之地左右。

在各地的地方酒（具當地特色的酒，簡稱「地方酒」），除了受自然環境影響外，也會因應當地民眾的嗜好釀造，因此表現出濃厚的鄉土風俗習慣等色彩。

而且，也千萬不能忘了那些稱作杜氏集團的釀造者們所帶來的影響。究竟是與哪個流派的杜氏有關，對於該日本酒的香味會產生極大不同。

讓我們從次頁看看日本各都道府縣的特色吧。

的杜氏集團

日本三大杜氏

南部杜氏	和越後杜氏及但馬杜氏並列為日本3大杜氏。在最盛時期的昭和40年（1965年），據說還有3200名加入。南部杜氏的故鄉——岩手縣石鳥谷町，為縣內數一數二的穀倉區域，造酒亦相當興盛。
越後杜氏	僅次於南部杜氏之數量第二多的杜氏集體。以三島郡寺泊野積為起始的縣內各地出身。除了支撐著當地新潟豐盛的造酒業外，也在日本全國各地的都道府縣製造出各式上等名酒。
但馬杜氏	以兵庫縣北部、美方郡一帶為中心蔓延出去的杜氏集團。因冬季積雪厚，是作為外出活動而參與造酒業人口極多的區域。人數是僅次於南部杜氏及越後杜氏的第三多。

◉日本全國主要

※P68~P73的內容，是參考各造酒工會HP記載內容、部分由造酒工會提供的資料、以及前往部分造酒工會採訪後製作而成。

北海道・東北

北海道

雖然在不適合稻作的土地上為了確保米的生產而煞費苦心，但近年誕生了「吟風」「初」等優良北海道內產的酒造好適米。由於採取低溫發酵，飲用時有淡麗輕快之感。

青森

具備適合製酒的寒冷氣候及清澈之水等絕佳條件。由於從很早開始就走高品質的釀酒路線，其酒造好適米的開發亦相當興盛。以辛辣的酒為主流。

秋田

利用只有雪國才有的特殊氣候，從醪的釀製到發酵，皆使用名為「秋田流低溫長期發酵」之獨特方式製酒。釀出的酒呈現淡麗滑順口感。

山形

日本全國首屈一指的米生產地，山形近年受人矚目的知名品牌眾多。以縣產的酒造好適米「出羽燦燦」為主軸，以釀造純山形產日本酒為志業的酒藏相當興盛。

岩手

三大杜氏之一「南部杜氏」的出身地。雖然在獨自的酒造好適米・酵母等開發上表現較遲滯，但近年備齊了縣產的酒造好適米及酵母，在不久的未來，純岩手產的釀造日本酒實在精采可期。

宮城

進行縣特產的水稻農林150號100%的純米酒釀造等，是以縣出名的釀酒勝地。縣內所產的酒當中，特定名稱酒的比例占8成以上。

福島

登錄的釀造廠數量有81間，是東北地方最多。因該地相形之下屬較溫暖的氣候，以圓潤口感的酒類為多。其特徵為設有很多生產生酛或山廢等較講究的酒藏。

…平成20年度（2008年）各都道府縣的日本酒釀造廠數量（各地方國稅局調查）。 1個代表10廠。

關東·甲信

長野

開發出現在具日本全國規模的酒造好適米「美山錦」的縣。由於從大正時期便開始在縣內培育杜氏，因此本地杜氏的比例達8成。

群馬

由於酒藏分散在氣候和水源皆處於各種樣式的環境下，其釀製出的味道幅度亦相當廣泛。此外，使用了「群馬KAZE酵母」及實驗中酒米「舞風（暫名）」等，也相當具有獨特性。

櫪木

過去，從縣外聘用杜氏的酒藏雖然多，卻因此演變為以年輕藏人為中心，而開始本地杜氏的培養。於2006年誕生了「下野杜氏」。

山梨

活用富士山山脈、南阿爾卑斯山脈之名水以及當地寒冷氣候，釀造調性輕快舒暢的酒。現在，嘗試栽培縣產的山田錦。

茨城

使用縣內獨創的酒造好適米「常陸錦」及酵母「常陸酵母」，只靠著水質與技巧的差異，展開競爭味道的「Project·PRUE茨城」。

埼玉

以荒川及利根川之伏流水釀製的酒，因受到軟水質的水影響，具有柔順圓潤口感。設立「彩之國釀酒學校（彩酒造校）」等，為培育年輕釀酒師盡一份心力。

東京

江戶時代，釀酒業在幕府的支援下開始發展。使用通過沿著多摩川之秩父古生層的地下水所釀製的酒，不僅調性淡麗，味道的調製也相當充分。

神奈川

酒藏大多集中在以丹澤山脈為源頭的相模川、酒川周邊。雖然規模不大，但也有使用縣內產的優良酒造好適米之酒藏，有鮮少人知之名酒存在。

千葉

該地的釀酒自元祿年間後便開始，歷史悠久。近年，以「地產地銷」為目的，開發出適合千葉縣環境的酒造好適米「總之舞」，未來備受期待。

東海·北陸

石川

寒冷氣候、白山水系之清水、優質米的產地等，具備各項釀造要素。自江戶時代以前便已是被讚譽為「加賀之菊酒」的著名釀造地。另外，專門釀製傳統的濃醇甘甜之酒。

富山

由於地屬寒冷氣候，因此以調性淡麗辣口的類型為主流。此外，縣內的酒造好適米使用比例超過80%，高居日本全國第一。

新潟

身為酒造好適米「五百萬石」之原產地，「越後杜氏」的發源地。五百萬石的堅硬米質經過低溫長期發酵而成為調性淡麗的酒質。

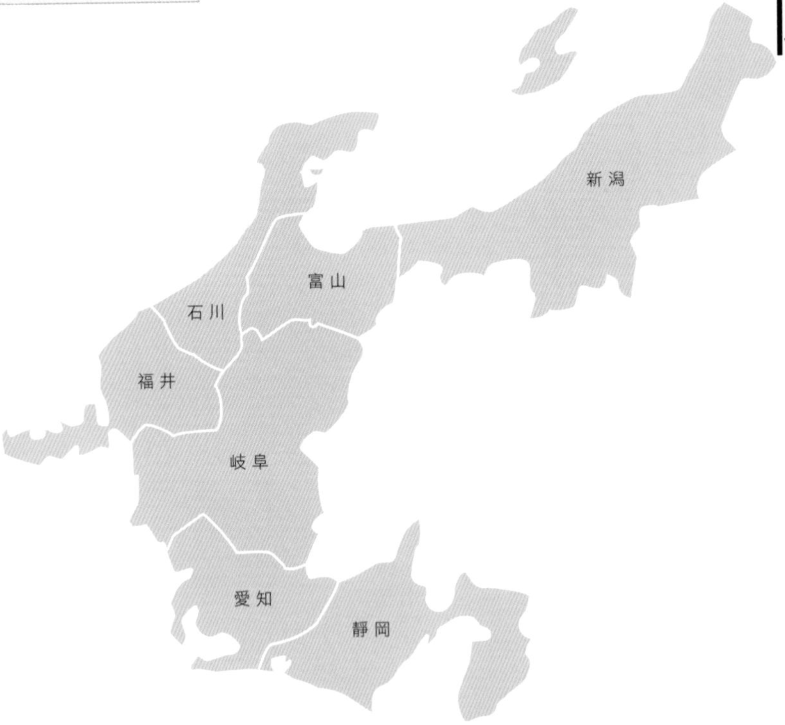

福井

過去小規模的酒藏以傳統手法釀製甘甜的酒，不過，近幾年味道的多樣化漸漸顯現出來了。縣產酵母「福井麗（ふくいうらら）」以柔順口感及香氣為特徵。

愛知

江戶時代是灘之酒的產地，也是造酒興盛的土地。以搭配重口味料理之甜香口感的酒居多。

靜岡

縣內開發的「靜岡酵母」於1986年獲得日本全國評鑑會10項金賞。一躍成為知名釀造地之一。小規模的酒藏多，味道富有多樣性。

岐阜

嚴寒氣候及3條河川帶來的豐富水源等，是大自然恩惠聚集的釀酒環境。飛驒地方是濃醇調性，其他地區則是淡麗調性，氣候的差異充分顯現在味道上。

近畿

兵庫

灘之名水「宮水」、縣內原產「山田錦」，以及以但馬·丹波為首的杜氏集團，釀酒必備的三大要素皆蒐羅齊全。灘之「男酒」以濃醇辣口為特徵。

京都

自古知名的釀造地，尤其在名為「御香水」的中硬水名水湧出的伏見，有近半數的酒藏集中於此。呼應灘之「男酒」的稱呼，以伏見的「女酒」稱之。

滋賀

是四方被山麓圍繞的土地，水源豐富多彩。關西內地有米生產處外，縣外提供的酒米也很多。各酒藏的個性也強烈反映在味道上。

大阪

在灘繁盛之前，池田即以知名釀造地而昌盛繁榮。即使是現在，仍有多數名酒在日本全國擁有大量愛好者。從調性來看，以稍微辣口且味道舒暢的酒較多。

和歌山

利用溫暖氣候及高野山水系的軟水所釀造的酒，以味香及口感濃醇的類型較多。釀酒使用的「黑牛之水」，被認為在技藝增進方面也有效用。

奈良

「三段釀製法」「加熱」等現在普遍應用於釀酒的技術，大多是發源於奈良縣。被譽為「大和之美酒」，以濃郁味道為釀造特徵。

三重

雖然以味香濃醇的調性為主流，但伊賀地方則是淡麗調性較多。作為高級食材一大產地而廣為人知，發展著如美食王國般和料理屬性相合的酒類。

中國·四國

島根

從古代八岐大蛇的傳說可得知，這是和酒密不可分的土地。由出雲、石見的杜氏所釀造的酒，是日本全國首屈一指的濃醇類型。

岡山

由高超技術而聞名的備中杜氏所釀造的酒，多是以淡麗為原則的美味。此外，岡山原產的酒造好適米「雄町」，是現在被使用的酒米中最古老的酒米。

鳥取

縣內純米酒的比例達50%，高居日本全國第一。縣產的酒造好適米「強力」和山田錦一樣，是具有「線狀心白」特徵的優質米。

山口

以往以甜味濃醇款式較多，但因為縣內特有的酒造好適米「西都之」開發成功，淡麗類型的酒也增加許多。以少量生產的嚴謹釀酒態度為其特徵。

香川

使用一般米「大瀨戶」製出高品質的酒，是令人感覺釀酒技術高明的土地。近來研發出的酒造好適米「岐良米」，使未來備受期待。

廣島

雖然原本是不適合用於釀酒的軟水質土地，但因為縣內釀造家發明了「軟水釀造法」，而使酒文化發達起來。口感多為甜味軟性的。

愛媛

在穩定氣候釀製，被稱作「伊予的女酒」的酒是甜味類型。雖然雇有越智、伊方的杜氏，但近年在農業大學學習釀造的年輕杜氏也很多，正進行著世代交替。

高知

反映出飲酒量多的縣民性格，以喝不厭的辛辣口味為主軸。使用帶進俄國太空船「聯盟號」的酵母及酒母製造的「太空酒」也十分受到矚目。

德島

由設立在海·山·鄉野等不同位置的酒藏，可釀造出甜味·辣味·濃醇·淡麗等富多樣化的酒。縣內產的「阿波羅山田錦」是在縣外也極受歡迎的美品。

九州・沖繩

長崎

五島列島的小賀島是現在縣內唯一的杜氏集體「小賀杜氏」的故鄉。其釀造的酒純正濃醇。由於生產量較少，大多提供當地消費。

佐賀

由於幕府末期的佐賀藩主——鍋島直正獎勵釀酒一事，在燒酎文化根深蒂固的九州，生產・消費的日本酒都非常多。大多是濃醇甜味的。

福岡

自戰前起釀酒便十分興盛，是名為「九州之酒」的名酒釀造地。其酒造好適米的生產量高居全國前幾名，幾乎縣內的吟釀酒都是使用山田錦釀製。

熊本

雖然過去以在醪當中加入炭製造出的「赤酒」為主流，但現在有經由熊本縣造酒研究所的野白先生指導而製成的「熊本吟釀」誕生。成為創造出吟釀酒熱潮的開端。

沖繩

與東南亞貿易繁盛的沖繩，主要是製造泡盛（沖繩特產的燒酎）。在那當中只有1間釀造日本酒的酒藏，他們使用沖繩產的米，用「袋吊」方式搾醪等，是十分講究的酒藏。

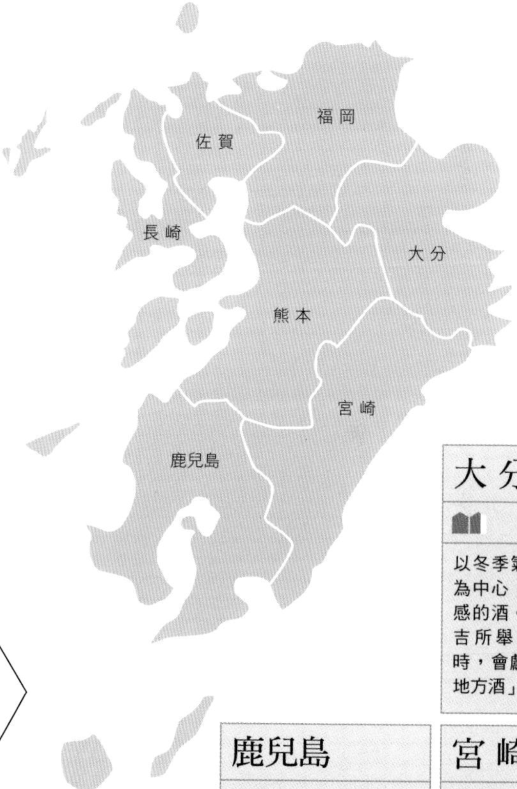

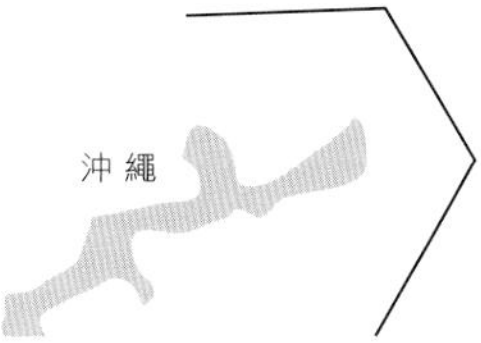

大分

以冬季氣溫下降的盆地為中心，釀製出甜味口感的酒。據說在豐成秀吉所舉辦的醍醐賞花時，會獻上大分的「麻地方酒」。

鹿兒島

開始在這裡製造作為近年城市興起一環的純米酒「幸壽」。它實際的釀造廠是熊本縣的公司，但因為使用這裡的栗野天然酵母及丸池湧水等，因此登錄生產地為鹿兒島縣。

宮崎

九州首屈一指的燒酎王國。日本酒的事業酒藏雖然只有一家，但是他們卻克服了溫暖氣候等不利的條件，在日本全國新酒評鑑會上獲得金賞，且這項金賞技術被公認為高超技術。

所謂的造酒現場，是個什麼樣的地方？

傳統的杜氏，是以半農半釀酒為基本

由製米的專家來釀造日本酒

伴隨著近年興起的地方酒熱潮，各地的酒藏如同中了大獎一般。那麼，在釀酒廠現場的酒藏當中，到底有些什麼樣的人？究竟是如何進行釀酒製作？

首先，在酒藏工作的人統稱為藏人，藏人當中的領導者則叫作「杜氏」。以杜氏為首，接著輔佐杜氏的叫作「頭」、負責所有製麴工作的稱為「大師（麴師）」、處理酒母的叫作「酛廻（酛師）」。酒藏就是像這樣各自分工進行作業。

因此，需要管理統合藏人的杜氏，不僅必須具備釀酒的技術，還需要有領導能力及判斷力等素養。由此可知，杜氏這個詞源於代表管理一切家務的主婦一詞「刀自」（譯注：日文的杜氏（とうじ）讀音為「touzi」。「刀自（とうじ）」的讀音也是「touzi」），並不是沒有道理的。

以杜氏為頂點的藏人集團便統稱為杜氏集團。這個集團在江戶時代後期，由地方農民出外工作而自然產生。其契機在於開始有冬季製酒的「寒造（寒造り）」。

藉著這個機會，春季到夏季從事農耕的農民們，秋季以後便集中到酒藏，開始執行製酒工作。因此，一般認為由製米的專家們和釀酒的專家們共同製酒，才能有這樣飛躍般進步的技術。

之後，以各自的經驗為基礎舉行研究會，徹底弄清楚在各地區具特色的釀酒技術，發展成更精進的專家集團。

但是，由於戰後產業結構變化，以及季節勞動者數量急速遞減，後繼者不足的問題相當嚴重。

在此，近年成為製酒支柱的，是在農業大學學習釀造學的年輕杜氏，以及代替舊有杜氏的酒藏員工們。他們融合了從老將杜氏那邊學習到的傳統技術，再加上新穎點子的現代釀造法後才全面推出。

藏人的職稱及分擔職務

在身為領導人的杜氏之下，藏人們依據釀酒過程的作業項目分擔不同職務，在各自所屬的地點進行工作。

<table>
<tr><th colspan="2">職務名稱</th><th>工作內容</th></tr>
<tr><td colspan="2">杜　氏</td><td>酒藏之管理、帳簿管理、釀造醪的處理工作及管理</td></tr>
<tr><td rowspan="3">三役</td><td>頭</td><td>傳遞杜氏之指令、藏人之指揮、
釀造用之水、釀造時工作之主任</td></tr>
<tr><td>大師（麴師）</td><td>麴用蒸米之安排、麴室之一切事務（製麴等）</td></tr>
<tr><td>酛廻（酛師）</td><td>製造酒母（酛）之一切事務、釀造工作</td></tr>
<tr><td colspan="2">工具廻</td><td>造酒用具之一般管理、工具之清洗、水之運送、
洗米、取出蒸米</td></tr>
<tr><td colspan="2">釜　屋</td><td>蒸甑、釜焚（控制火力）、洗米、量米、汲取釀造用水</td></tr>
<tr><td colspan="2">相　麴</td><td>大師（麴師）助手</td></tr>
<tr><td colspan="2">相　釜</td><td>釜屋助手</td></tr>
<tr><td rowspan="4">追廻</td><td>上　人</td><td>洗桶、洗米、汲水、準備用具</td></tr>
<tr><td>中　人</td><td>汲水、洗米、清洗工具、搬運蒸米</td></tr>
<tr><td>下　人</td><td>汲水、洗米、清洗工具、泡沫工（清除醪內泡沫）</td></tr>
<tr><td>炊　飯</td><td>煮食一切事務、麴室助手、桶之巡視、掃除</td></tr>
</table>

酒藏訪問

石川酒造

日本酒是表現土地的明鏡。只要小酌一口，其國家樣式便會顯現出來。

這次我們所拜訪的是１８６３年創業，在東京多摩設置釀製場，為東京都內首屈一指的老鋪酒藏──石川酒造，我們在石川酒造釀酒的現場密集採訪一天。

那裡誠如其名酒「多滿自慢」的名稱一般，對於多摩這個土地，藏人們的自信及驕傲表露無遺──。

石川酒造的時間表

酒藏的一天是如何度過的呢？

釀製　（AM8:00～）

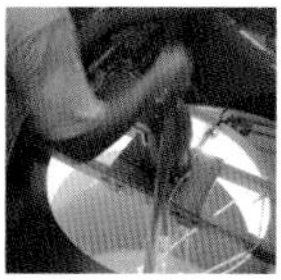

由藏人一同進行取出培育完成之麴的「出麴」作業。在那之後，便各自回到原本負責的工作崗位。在繁忙期時，也有到了14～15時仍持續進行釀製作業的情形。

洗米　（PM13:00～）

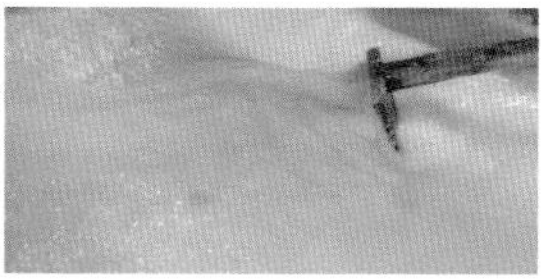

中午休息過後，開始洗隔日要用的米，並調整水分量。在冬季進行釀酒時，是非常辛苦的作業。

打掃

各自作業結束後，進行工作崗位的打掃及用具保養，為隔日作準備。打掃是製酒的基本。

蒸米　（AM7:30）

石川酒造的一天從早上7點半開始。最初的作業是蒸當日使用份量的米。

製麴　（PM16:00～）

傍晚若有進行製麴作業的話，在打掃麴室後，當日的作業便全部結束。

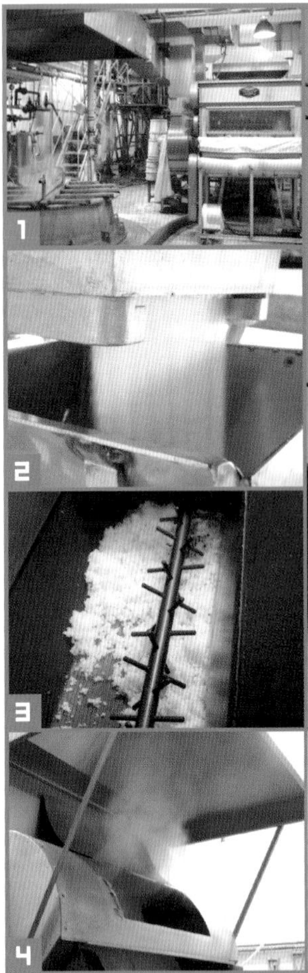

07:30

炊飯

蒸米機器（1）的作業流程。前一天浸在水中準備好的米（2）被搬運到蒸米器（3）。蒸好的米會有充足的甜味（4）。

一到早晨7點半，蒸氣會從釀酒廠冉冉升起。被稱為「寒釀」的日本酒製造，是以較涼爽的正午前作業為中心。

從釀酒廠升起的蒸氣，是工作開始的默契信號

清晨7點半，湛藍清澈的秋季天空上，雪白的蒸氣冉冉升起。

蒸氣，是代表早晨第一項進行的作業・蒸米開始之意。對藏人們而言，就如同工作開始的信號。

各地酒藏所釀製出的酒味，會如實的反映出各地方的風土，其中影響最深的應該是水吧。日本酒的80%是由水構成。而且，在製造過程中，日本酒會大量使用釀製水。可以說水是釀酒的生命泉源。

幕府以來，在東京都多摩地區持續進行釀酒的石川酒造，大量接受來自雄偉秩父山脈的自然恩惠，使眾多著名品牌的酒因而面市。

從地下150公尺汲取上來的中硬水湧水，以滑溜順暢的口感為特徵。完全能令人聯想到酒藏的代表品牌「多滿自慢」的迷人餘韻。

從蒸煮使用那清澈之水所洗的米，展開釀造廠的一天。

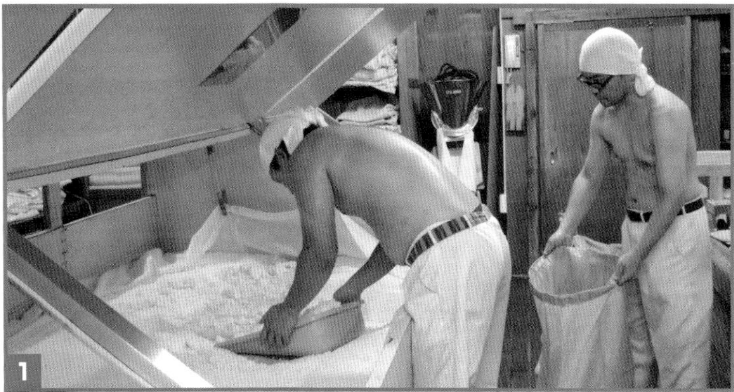

出麴

（1）集中該日使用的麴的作業。麴需要48小時才能製成。在溫度及溼度都極高的麴室，以上半身裸露的方式作業。只是稍微動一下就滿身大汗。

（2）自古流傳的麴的製造方式。為了確保透氣性，在那上方鋪上麻布使麴靜躺在內。（3&4）現代的製麴箱。利用全自動風扇調節溫度。

製麴左右了酒的味道

開始蒸米之後沒多久，便在麴室展開該日使用的麴裝入袋中的作業。於石川酒造工作的作業員共有5位。而所謂「出麴」這項工作，是藏人全體一起進行的步驟。

「今天的麴是32℃，稍微高了一點呢。30℃才是比較理想的溫度…。」

石川酒造的杜氏——石澤先生，一手拿著溫度計一邊喃喃自語著。製麴，需要在溫度管理上付出更細心的注意。

麴，是把使用於釀酒的米當中之20%蒸過，使其繁殖出稱為黃麴菌的一種黴菌。日本酒釀造中所提到的「一麴、二酛、三製造」，就是因為麴的品質會左右酒味本身。因此，在石川酒造，便是由身為杜氏的石澤先生本人擔任製麴的負責工作。

「製酒要達到能夠有大略程度需要耗費約20年。即使是成為杜氏的現在，最困難的依然還是製麴這一項。製造時的條件，會因不同的溼度、氣候、甚至是米的種類，而有所不同。」

麴繁殖較佳的蒸米，會從內部散發出白色光輝，相當美麗。如甜栗般的芳香充滿了整間麴室。

09:00

製醪

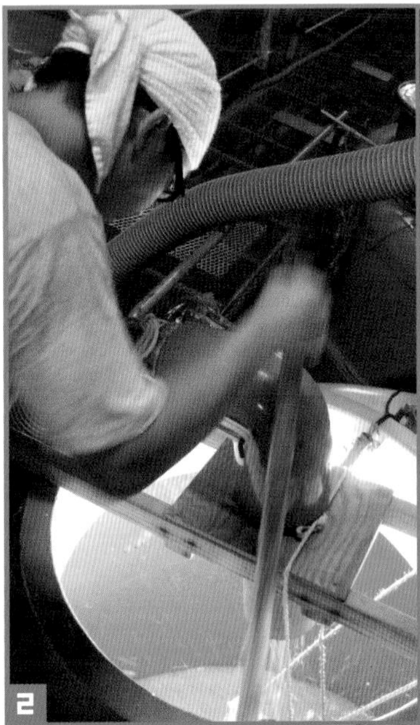

（1）使加到醪中的蒸米不至集中於一處，放置緩衝材料讓全部均勻分布。（2）放入麴・蒸米・水之後，使用攪拌棒（玉櫂）攪拌。（3）攪拌棒攪拌後，需確認仲添的醪的溫度。釀製溫度約在10度前後是最理想的。

（4）仲添的醪。這時水分還稍微多了點，會不時的冒出泡沫，便可知道將要開始發酵。（5）留添後經過3天的醪的狀態。已開始酒精發酵。在使其持續發酵20天左右後，便可以進行醪的擠壓。

世界罕見的日本酒釀造法「三段釀製法」

出麴一旦結束，便進入到釀製工程。日本酒的釀造法，是一種把醪用四天分成三個階段，執行嚴謹釀製的一種稱作「三段釀製法」的方式。

首先是第一天的「初添」。這時要把培養大量酵母的酒母、麴、水、以及蒸米放進去。接著，第二天讓它們安靜的保持原狀擺放著，等待酵母增殖。然後在第三天的「仲添」和第四天的「留添」加入麴、蒸米、水。就這樣把原料分成三次逐次放入，因此被命名為「三段釀製法」。

「一次就把全部的原料都加進去的話，酵母會變為未充分繁殖的狀態，導致產生雜菌滲入的空間。為了防止這個問題而想出的方式就是三段釀製法。這是參透了自然微生物的先人之智慧呢。」（石澤先生）

這一天，石川酒造是進行了已歷經仲添及留添後4天的醪的攪拌作業。這項放入攪拌棒執行的攪拌工程，是個頗辛苦的重度勞動。結束了留添的醪，伴隨著嗶啵嗶啵的聲響，酒精發酵便熱絡的展開了。當鼻子一靠近，便可嗅到那邊早已漂浮著一股米的獨特美味及甜味。

1

10:30 製造酒母、上槽等

（1）用目測方式檢查一個個裝酒的瓶子。（2）搾醪上槽時的模樣。剛完工的酒呈現出微弱的黃綠色。（3）使用機器進行裝瓶作業。

（4）使用稱作玉櫂的攪拌棒在酒母容器中攪拌，使蒸米更容易溶解。是製造酒母的重要項目。

2

3

4

進行完上槽、加熱後，等待出廠

釀酒，由稱作「釜屋」的蒸米負責人及稱作「酛師（酛廻）」的酒母負責人為起始，由各人負責專門的工作，採取完全分責制。在製醪的時刻，其他的地點亦同時進行著製造酒母或上槽的工作。

這天，在石川酒造所釀造的是普通酒。普通酒在結束了留添之後，還需要使醪靜置20天左右。在那之後，每天測量醪的精度及酸度，於成分調和之後移置到壓搾機。如此一來才終於使酒與酒糟分離。

這樣製成的日本酒，依容器不同味道會出現微妙差異。採訪這天，有上槽的容器是3瓶的量。利用混合方式企圖使其味道均質化，可以說是要調整成消費者想要的「石川酒造的味道」。

裝瓶前最後進行的項目是加熱。這項工程是為了提高保存性而要去除對酒有害的微生物或可能引起劣化的酵素，以溫度63～65度加熱約10分鐘。這種加熱過後的酒，在經過熟成期後便可出貨。

13:00

洗米

（1）玄米的表層部分是製造日本酒的天敵。（2）研磨後的米會暫時放置在容器裡。

（3）把水加到洗完的米中，進行浸漬作業。（4）把堆積成小山的米弄散，使其均勻吸取水分。（5）浸漬過後的米，沒有過多或不足般地吸取水分是很重要的。

依溫度・溼度・種類變化之精米的浸漬

製造酒母等釀製作業，在繁忙期大概會忙碌到下午3點左右。而且一到了下午，還得開始著手進行精米及洗米的工作。

玄米的表層部分含有蛋白質、脂質，及維他命。但是這些成分卻可能會導致麴菌或酵母發酵太多，在製酒方面是沒什麼幫助的東西。所以需要精米或研磨表層部位。

這種精米過後的米，要放置到大型容器中貯藏起來。

「使用機器精米的話，因為有熱能進入而使米的水分減少。大約放置1個月，待其『枯萎』之後，水分量便會穩定。」（石澤先生）

洗米、去米糠之後所進行的是叫作「浸漬」的項目。米粒基本上都是從外側開始吸收水分，因此若沒有使水分充分到達米粒中心的話，不管是蒸米還是製麴都沒辦法製造出優質的成品。這天的浸漬時間是10分鐘。需使用計時器正確的測量。

「新米在氣溫低時很難吸收水分。由於氣溫每天都不一樣，所以需要微妙的調整浸漬時間。隨時應變。」（石澤先生）

2

1

16:00

製麴

（1）把早上搬進來的麴用勺子挖出來後，用手搓揉拌勻。是相當費力的項目。

（2）製造開始歷經8小時的麴。麴菌一點點開始活動起來。

打掃・洗衣

3

4

5

（3&4）從工作結束的地點開始進行隨處的清掃。由此活動的流暢程度，便能判斷出石川酒造平時的工作狀態。

（5）清洗製麴時使用的麻布。

釀酒處的清潔才是製酒的第一要件

各自的工作結束後，藏人們極其自然地開始清潔容器及機器，並著手整理工具等。據說，製造日本酒時，工具及釀製場所的清潔是比什麼都重要的。

「我開始工作的時候，經常被教導『重點不是製酒而是打掃！在打掃的空檔才製酒去！』這也是為了避免雜菌混入酒內，打掃周到是製酒的第一要件！」（石澤先生）

修飾一整天工作尾聲的，是把中午前搬入麴室的麴用手壓碎的這個項目。麴的上方及下方的溫度不同，其乾燥狀況也會改變。藉由把它混合使之均質化的同時，也能達到刺激麴菌的效果。透過這個舉動，可以使麴菌的活動變得熱絡。

釀酒廠的一天就這樣落幕了。從9月到隔年3月，藏人們就是反覆進行這樣的工作。

偶而還需要夜宿的製酒生活。在這半年中，藏人們一邊承受寒冷和重勞動，一邊彼此共度比和家人更濃厚緊密的時光。而支撐著他們的，是「想要釀造出美酒」的熱情，以及對自己釀造之酒的驕傲。

值得看的地方好多好多！

實地勘查

多摩的名士所營運的酒之遊樂園，與只是單純的酒藏別有不同風味！

販賣店

販售石川酒造生產的日本酒或啤酒的販賣店「酒世羅」。也有著只有這邊才買得到的限定酒。

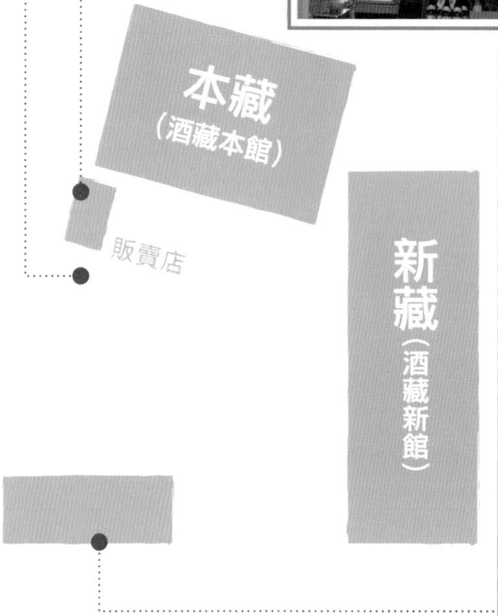

蕎麥處「雜藏」‧史料館

（上）在蕎麥處「雜藏」的店面放置著「多滿自慢」純米酒的桶裝酒。（下）設置在「雜藏」2樓的史料館。

從江戶時代開始便把當地名士視為團體一員的石川家。在那廣大的佔地區域內，宛如是間關於日本酒的大型娛樂場。

約在120年前建築的本藏，不僅有風采堂堂的風格，還被認定是國家指定的有形文化財。在那樣的本藏的橫向位置上，高聳著樹齡達700年的神木，擁有極具壓倒性的存在感。

若在綠意豐沛的庭園悠閒散步而略感疲累的話，可以來上一杯釀製水，讓喉嚨濕潤一番，好好的接觸一下石川酒造釀造味道的原點。

在和風料理・蕎麥處「雜藏」，可以愉悅的享用餐點。是充分利用舊有釀造廠而製造出來的風雅空間。雖然只點一份季節料理也不錯，但是千萬別錯過用釀製水煮出來的蕎麥麵。

「雜藏」不僅擺設了石川酒造的酒，平時甚至還陳列了十餘種酒。代表品牌「多滿自慢」的樽酒以外，還可以品嚐到極難取得的「たまの慶」，實在使人備感欣喜呢！

餵飽肚子後，不妨前往能夠選購季節限定酒的販賣店，或是介紹釀酒歷史的史料館，深入的探訪日本酒的世界吧！

年度行事曆

9月	中旬　普通酒製造開始
10月	中旬　普通酒搾汁開始 下旬　新酒（普通酒）出貨 純米吟釀酒、吟釀酒製造開始
11月	下旬　純米吟釀酒、吟釀酒榨汁開始
12月	
1月	上旬　大吟釀酒製造開始
2月	下旬　大吟釀酒榨汁開始
3月	下旬　加熱 蒸籠倒放
4月	↑
5月	↑
6月	用具保養 清掃
7月	↓
8月	下旬 夏季期間熟成的吟釀酒、大吟釀酒的出廠開始

※依據不同年度，各時期工作內容會有差異。

釀製水

在實地區域內也可以飲用釀製水。

福生的啤酒小屋

福生的啤酒小屋

這裡是以義大利風為基調的餐廳「福生的啤酒小屋」。除了剛製成的當地啤酒「多摩之惠」以外，也收集了只有在酒藏才品嚐得到的酒。

石川酒造株式會社

〈開車的情況〉
從中央高速公路八王子IC，在國道16號往川越方向，於武藏野橋南交叉路口左轉

〈電車的情況〉
從JR・西武拜島線拜島站南口出站，搭乘計程車約5分鐘，或徒步15分鐘

〒197-8623
東京都福生市熊川1
TEL：+81-42-553-0100
●營業時間：8：30～17：30　●固定休息日：六、日（假日）

酒藏介紹

旭酒造

**只是高精米率不能算是本質
結合高科技和
低科技的革新派酒藏**

高精米的開發，率先成為城市興起的一環

山口縣岩國市獺越地區。在這個普遍認為以前水獺出沒的地區，釀製大吟釀酒「獺祭」的旭酒造建造了自己的釀造廠。

若提到「獺祭」，它是以令人驚訝的23％精米程度而震驚日本酒界的知名品牌。一般來說，大吟釀酒的精米程度是50％以下。研磨米至幾乎等同它一半的23％，究竟是為了什麼原因？我們立刻來詢問看看旭酒造的社長——櫻井博志先生。

這得把時空回溯到1991年。當時，由於竹下登原內閣總理大臣推出政策「故鄉創生事業」，社會上因此彌漫著一股城市興起的熱潮。

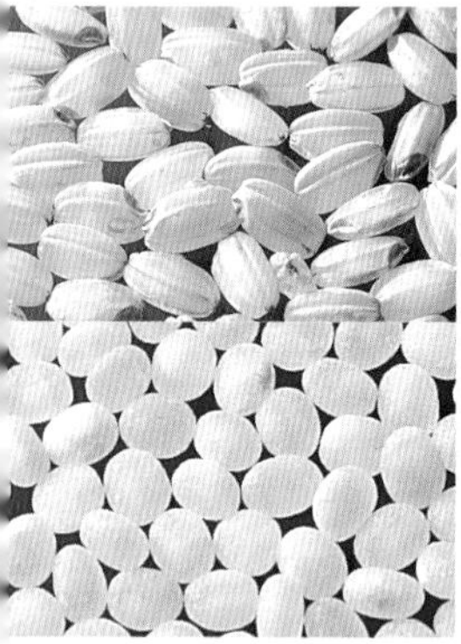

（上）精米前的玄米。（下）以精米程度23%磨成的精白米。

這股風氣也傳遞到了獺越，作為城市興起事業的一環，若販賣出「使用日本第一研磨的米所釀造的酒」，難道不會很有趣嗎？這個想法成了我們開發的契機。

事實上，當初雖然是以精米程度25％為目標進行開發，但是卻有灘之製造商已經開始販賣24％的酒，所以才急遽地變更為23％。

「詢問喝過精米程度23％的米所釀造的酒的人，這些人果然還是頻頻回應說非常美味好喝。實在是再一次的認識到精米的意義呢！」（櫻井社長）

聚集旭酒造之技術精髓的「獺祭　純米大吟釀　遠心分離磨二成三分」。

應該守護的不是形式化的傳統，而是純粹的美味

此外，以往的日本酒製造被認為是寒

造，皆是從11月到12月左右開始釀製，直到3月為止持續進行作業。工作在冬季執行的原因，是因為讓醪在低溫發酵的話可以去除雜味，釀製出優質的酒。另一方面，身為季節勞動者的杜氏，若不到冬季是沒有辦法抽出空檔的，這也是原因之一。

但是，旭酒造卻是採取四季釀造這種整年的釀製方式。

讓這種方式可以順利進行，必須仰賴徹底的低溫管理和社員杜氏制。氣溫的問題，只要能運用溫度管理技術讓它始終維持在5℃就可以解決。另外，負責釀酒的人並非聘任傳統的季節勞動者，而是以僱用社員杜氏的方式，使釀造廠的作業能持續一整年。

幾乎可以建造一棟屋子般高價的遠心分離機。

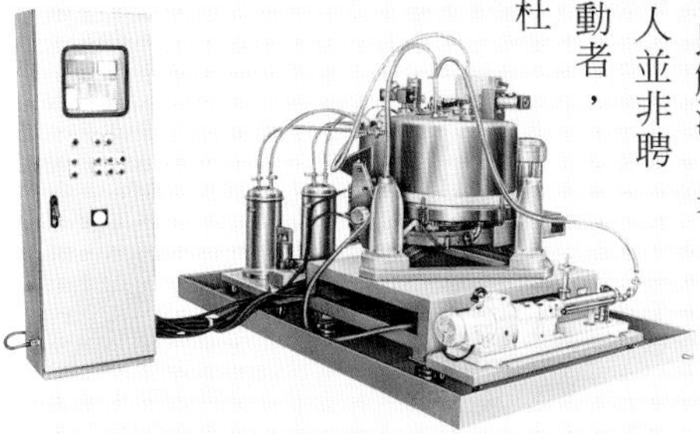

社員杜氏們，透過自身整年持續釀造大吟釀酒的經歷，只要是與吟釀酒釀製相關的知識，幾乎已不輸給任何老將杜氏。而且，「傳統雖然相當重要，但若只是形式化的傳統，難道不是沒有必要嗎？」櫻井社長這麼說著。在旭酒造，現在也仍保留以手工方式進行洗米或蒸米等工作，但是在釀酒實務方面，卻是積極的導入高科技設備。舉凡搾醪使用的遠心分離機、用來管理麴的含水量且名為荷重元（load cell）的附有電子重量計的床台等，逐一的導入新技術。

雖是這麼說，但單純只是導入技術是沒辦法製造出美味的酒的。

「即便能夠把釀製溫度控制在0.1℃，米含水量控制在0.1％程度，溫度和百分比程度等，還是必須仰賴人的判斷。」（櫻井社長）

就算導入了先進機械，在決定酒味上最最重要的「判斷」，依然必須由人來執行。在這個部分，應該可以感受到想要釀製美酒的旭酒造所採取的基本態度吧！

革新者所聚焦的下一階段的理想是…

櫻井社長觀察日本酒業界的現狀，將其分析為「和過去相比，人們飲酒的方式正逐漸在改變著」。

喝到爛醉為止仍繼續喝酒的人幾乎消失，不為喝醉而為了品嚐才飲用的人，反而增加了。基於這樣的傾向，旭酒造訴說了他們目標中的釀酒遠景。

「我們的消費者印象，是預設為用餐時約搭配2合左右的酒，滿意地享用餐點的民眾。我們想要釀造出即便是只有僅僅2合，也能夠在那當中完整傳遞日本酒魅力的酒。」（櫻井社長）

ACCESS

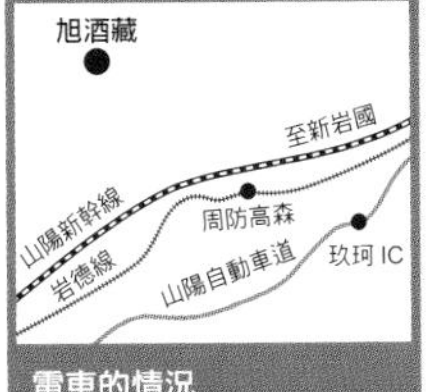

電車的情況
- 從JR岩德線周防高森站，搭車約10分鐘
- 從JR山陽新幹線新岩國站，搭車約30分鐘

開車的情況
- 從山陽自動車道玖珂IC約15分鐘

山口縣岩國市周東町獺越2167-4
TEL：+81-827-86-0120　限日語

酒藏介紹

大七酒造

古老的優良傳統
生酛製作之
文藝復興時代的主事者

在時髦的洋館釀造，製作傳統的生酛

福島縣二本松市的中心，有座景色突出的磚造西式建築。與一般木板外牆或白色外牆等酒藏印象大相逕庭，那棟摩登的建築物，正是大七酒造的釀造廠。

「本來酒藏就是具有和城市相異的異國風景這種樣貌。」說這句話的是大七酒造第10代酒藏主人——太田英晴社長。

提起大七酒造，說它是生酛製造的代名詞也不為過。生酛製造是相當耗時費工的釀造法，自從速釀酛開發以來，各地便逐漸捨棄了生酛製造。

在這樣的情境下，大七酒造持續研究生酛，讓生酛製造的技術更加精湛。這項努力，在2001年的日本全國新酒評鑑會上結出果實。以生酛製造的純米酒之姿，首度獲得金賞。

使用名為「玉櫂」的攪拌棒搗碎蒸米的「山卸」。是生酛特有的作業流程。

生酛製造和一般所使用的速釀酛製造相比，無論是成本還是時間都需要耗費2倍以上。即便是背負著這樣的風險，卻依然堅持生酛製造究竟是什麼原因呢？

「釀造酒的優良與否，取決於味道的深度。啤酒和葡萄酒也一樣，這種味道的深度，是極重要的原味之一。而且，這種味道的深度，是速釀酛無法製作出來的。」（太田社長）

獲得專家給予高評價的生酛釀造之純米大吟釀酒「大七生酛箕輪門」。

支撐味道的，是傳統技術和先進技術的融合

在大七酒造，講究味道深度的同時，也相當在意味道的力度及洗練感。

味道的深度與力度，透過採取生酛製造的傳統手段，已經到達了可以滿足的程度。但是，剩下的問題是如何能做出具洗練感的味道。

一般來說，味道的深度與味道的力度以及味道的洗練感，其製作的執行方向不同，要同時並存十分困難。讓大七酒造尋尋覓覓才總算順利解決問題的，是稱為「超扁平精米」的精米技術。

所謂的「超扁平精米」，是把米的表層全部研磨掉相同厚度的精米法。透過這個過程，可以把釀酒時必要的澱粉質更純粹的保留下來。另一方面，和以往會殘留多餘表層部甚至把澱粉質也跟著削減掉的精米法相比，其雜味消失也是使用超扁平精米法的特徵。

也就是說，透過生酛製造和「超扁平精米」這種傳統技術和先進技術的融合，才造就了今日大七酒造的酒味。

另外，大七酒造也有使用木桶的傳統釀製法，以及裝瓶時防止氧氣混入的「次世代型無氧填充系統」等，採取新舊技術交織的釀造方式。

太田先生說，技術項目中包括有「條理合宜的技術」和「條理紊亂的技術」。

這邊所說的「條理合宜的技術」，是指取出及添加時，釀造者會考慮到使用法，是一種凝聚辦法後才派上用場的技術。「條理紊亂的技術」則是指釀造者沒有施展功夫的餘地，若以比較難聽的說法來表示，就是指可以取巧的技術。

「生酛製造」和「超扁平精米」的技術本身，若是單獨存在便不具有任何意義。釀造者必須思考要怎麼樣活用這些技術，透過實際執行，必定能首度釀造出大七酒造期望的「兼具味道的深度、力度、洗練感，經過時間洗禮而成熟的酒，集結人工與睿智的酒」這樣的成果。

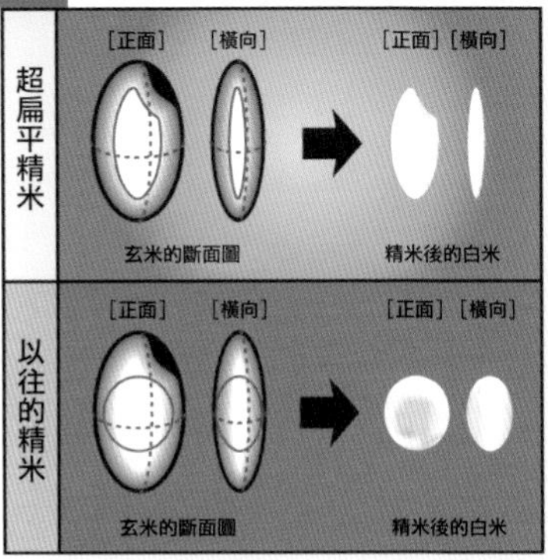

相對於在超扁平精米上，無論是縱軸還是橫軸，從表面削減的厚度都相同。而傳統的普通精米，可看出縱軸被削減得比較多，而橫軸卻會殘留未削減的部分。

世界對日本酒的要求是…

太田社長也積極致力於推廣日本酒在海外普及一事，讓各地可以實際用肌膚感覺到日本酒。世界的SAKE熱潮，難道只是曇花一現便會結束的嗎？

「具香味的酒精飲料在世界上只是少數。日本酒所持有的獨特味道，具有世界級的存在價值。應該會越來越被要求與期待吧！」

ACCESS

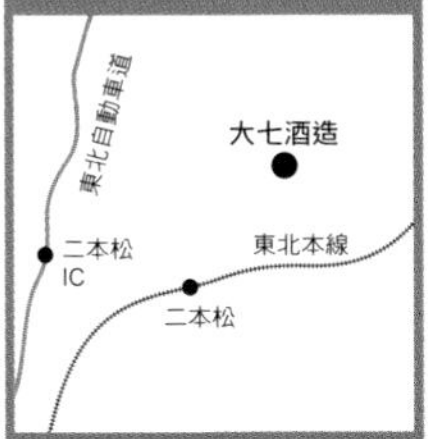

電車的情況
・從JR東北本線二本松站，搭車約5分鐘
開車的情況
・從東北自動車道二本松IC約10分鐘
福島縣二本松市竹田1-66
TEL：+81-243-23-0007　限日語

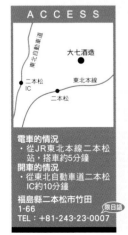

酒藏介紹

仙禽

震撼日本酒業界的標新立異者
由年輕酒藏
釀製出來的另一個世界

目標的味道是另一個世界！

歷木縣櫻市的株式會社仙禽，是釀製眾所皆知的名酒——「仙禽」——的酒藏。

第一次品嚐「仙禽」的人，無論是誰都會多多少少受到一些衝擊。因為這款酒，帶有極端強烈的甜味和酸味。

「在我們那個世代，並非單純只用日本傳統的味道培育我們成長。美味的、難吃的、西洋料理的味道、化學調味香料的味道，我們通通都知道。因此，我們認為若要讓年輕世代的人們喝仙禽的酒，就非得拿出令人驚豔的味道不可」。

仙禽的酒全部採取
袋吊方式搾汁。

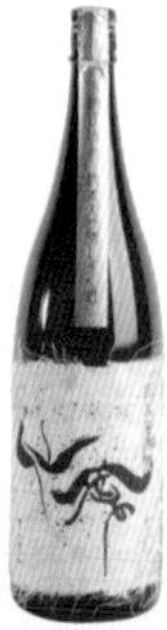

挑戰新酒評鑑會的
「仙禽　木桶釀製純
米大吟釀斗瓶盜龜之
尾19%」。

調和那股甜味和酸味所產生的絕妙協奏曲，以「另一個世界」表現出來的薄井一樹先生，是年僅30歲就拿下酒藏之舵的第11代酒藏。

「以日本酒原有的古典優點為基礎，並在那之上再添加只有我們年輕世代才有的感性。」（薄井一樹）

並非是工業製品，而是傳統工藝品！

接著他又繼續這麼說。

「仙禽所認為的日本酒並非是機械工業製品，而是傳統工藝品！」

一般裝瓶前所需進行的過濾或加水等工作，在仙禽則完全沒有執行。仙禽是把壓搾好的酒，全部直接用手工作業的方式裝到瓶內。

象徵釀酒堅持的「木桶」。

這是因為薄井先生認為，基本上「壓榨好的狀態就是日本酒原本的姿態」。

講究傳統的部分還不止如此，仙禽還把一部分的酒利用木桶釀製。

昭和初期，在琺瑯容器開發之前，所有的日本酒都是用木桶釀製的。

但是以現在的角度來看釀酒的話，用木桶釀製可能會出現不安定狀態，願意冒這種風險的酒藏很少。但是，棲息在木桶的微生物會對酒帶來影響，甚至可以產生釀造者也意想不到的好味道等優點。

現在仙禽的特徵，在於使用了傳統手法，並以手工釀造方式謹慎仔細地釀製出具有極端甜味及酸味的酒。

「過去是採取完全相反的釀酒態度，製作的都是薄利多銷，淡麗辣味這種沒什麼樂趣的酒。」

釀製方向180度大轉彎，是從薄井先生結束酒侍研習後返回酒藏的2006年。

被悍馬「龜之尾」看到的叛逆風格

支配新仙禽味道的是酒米「龜之尾」。

薄井先生深深認為「能體現仙禽新釀酒的，除了龜之尾以外不作二想」，並把龜之尾所具有的獨特個性評論為「悍馬」。

仙禽去年及今年連著向日本全國新酒評鑑會提出以龜之尾釀造的酒參展。

在該評鑑會中，突出的香味容易成為扣分原因。經過統計，發現能被萬人接受的類型的酒，具有容易獲得高評價的傾向。

然而，薄井先生卻大膽的向該評鑑會提供使用龜之尾且用木桶釀製這裡極具個性的酒參展。

「因為我想要打破評鑑會如同教科書審查結束般，只評價山田錦的那種氛圍。」

結果，由「悍馬」龜之尾釀造的「仙禽」，只差一步就能獲獎。

薄井先生大幅改變仙禽的釀造手法，也只不過才4年時間。

未來的仙禽究竟會釀製出什麼樣的「另一個世界」？著實是備受期待的酒藏之一呢！

ACCESS

電車的情況〉
・從JR東北本線氏家站，徒步約10分鐘

開車的情況
・從東北自動車道矢板IC約15分鐘

櫪木縣櫻市馬場106　限日語
TEL：+81-28-681-0011

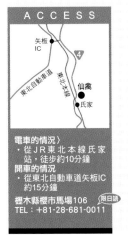

酒藏介紹

白瀧酒造

「對於不能喝的人才更希望能來喝上一杯」拓寬日本酒愛好者的基盤，簡約且專心一致的釀酒構造

您大概也曾聽過「上善如水」這個名稱吧。釀製這酒的，正是新潟縣越後湯澤的白瀧酒造。

「上善如水」誕生，且這個名字廣為日本全國熟知，大約是在20年前。那是在泡沫景氣及滑雪熱潮的帶動下，開始有大量年輕人前往越後湯澤的那個時期。其接觸到口中的美味被年輕人接受，被評論是連討厭日本酒的人也會飲用的酒。

白瀧酒造把「上善如水」的理念僅放置在容易飲用上。擔任公關的小川先生表示，「希望能讓不喝日本酒的人或沒有喝過的人也來品嚐看看。上善如水，是提供給不知道日本酒的人之『大門入口』」。

被消費者接受而成為一項品牌的「上善如水」，近年正力求陣容更新。首先，把原料從目前的吟釀酒樣式變更為純米吟釀酒樣式。接著，外瓶及包裝也全面更新，在「容易飲用」的印象上再打出日本酒「容易親近」的感覺。

「上善如水」這個名字，是來自於古代中國思想家老子所提到「最理想的生活方式（上善）是如水一般的生活」的思想。而白瀧酒造從這句話得到的體悟是「最好的酒便是最接近水的樣式」。

在老子的思想中，「上善如水」的後面接的是「水賦予萬物利益，與世無爭」。白瀧酒造把「容易飲用、容易親近」往前面推出，擴展日本酒愛好者的基盤，由自身貫徹「入口」理念且不參加競爭的酒藏姿態，感覺就像確實體現了老子的思想一般。

包含外瓶形狀包裝設計皆徹底翻新的「上善如水」。

ACCESS

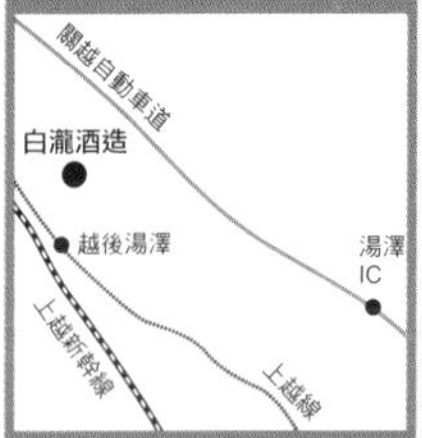

電車的情況
・從JR越後湯澤站東口，徒步約4分鐘

開車的情況
・從關越自動車道湯澤IC約5分鐘

新潟縣南魚沼郡湯澤町大字湯澤2640
TEL：+81-25-784-3443 限日語

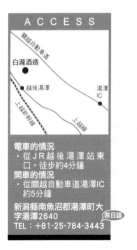

酒藏介紹
久須美酒造

不對世間的關注感到驕傲，持續追求純正好酒的酒藏，接下來的一步

使夢幻之米「龜之尾」復活的久須美酒造，就是漫畫《夏子的酒》（尾瀨朗作，講談社）中的酒藏原型。

2004年，侵襲這間久須美酒造的，是因豪雨引發的水災及新潟縣中越的地震。酒藏的後山崩塌，對建築物及設備造成莫大損失，瞬間如受到幾乎要準備倒閉歇業般嚴厲的打擊。

在出現了和年度營業額相同規模損害的同時，卻還是能夠重振事業的原因，社長久須美記迪氏認為是「因為我們不是追求生產量的釀酒者」。

「假如因為在意世間的注目而增加生產量的話，損害可能會比現在更嚴重吧！」（久須美社長）。

久須美酒造決定「一次釀製的米最多只到15石」。15石的白米大約是2噸。這是因為他們深信「如果不是釀製者能夠控管的數量規模，是無法釀造出好酒的」。說不定是因為那種謹慎認真的釀酒態度牽動了消費者的信賴，才使他們在倒閉歇業的邊緣又再次重新振作復活起來。

在那種狀態下的久須美酒造於2009年開始販售純米吟釀酒的新品牌「kopirinko・KOPIRINKO（コピリンコ・こぴりんこ）」。

換上容易親近的名稱，容量也只有容易飲用的300ml size而已。是能夠讓目前為止沒喝過日本酒的新顧客層注意到的商品。

久須美酒造把和其它酒類相比市占率較低的日本酒現狀，以正向積極又具有前瞻性的角度，認為「那些部分，留有未開發的市場」。新品牌也可以說是久須美酒造打算向更多消費者傳遞美酒的決心。

容易飲用的300ml size的「kopirinko・KOPIRINKO（コピリンコ・こぴりんこ）」。

ACCESS

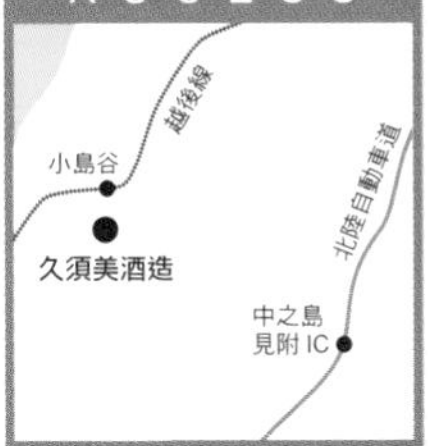

電車的情況
・從JR越後線小島谷站，開車約3分鐘

開車的情況
・從北陸自動車道中之島見附IC約30分鐘

新潟縣長岡市小島谷1537-2
TEL：+81-258-74-3101 限日語

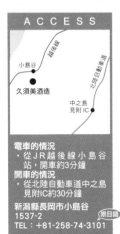

酒藏介紹

石鎚酒造

證明釀酒不是取決於人數的家族杜氏

愛媛縣西條市自古以來便是以名水城市而聞名。在那裡設置酒藏的石鎚酒造，便是僅以家族四人的小規模經營而在縣內外獲得極高評價的酒藏。

家族成員各自負責的職務如下。身為社長的父親英明先生擔任釜屋，次男稔負責製麴，長男浩處理酒母及醪的管理等杜氏職務，浩的夫人彌生則進行酵母培養及分析。

石鎚酒造形成現在的體制才只是離現在不遠的1999年。他們原聘任的杜氏退休是這個體制形成的契機。

據說石鎚酒造的釀酒，是以「該如何配合米」為基調。釀酒，是會被米的運用左右的。因此，必須儘早發掘當年度之米的特徵，留心於提高優點消去短處的釀酒態度。

「如果從經驗這個點來看，我們自己實在不如多年參與及付出的釀酒老將杜氏」（浩）。

石鎚酒造的藏人，利用數據分析彌補了那些經驗尚淺等問題。

浩、稔、彌生這三位，曾在東京農業大學學習釀造學，收集並分析米的水含量或醪的糖分等，活用於釀酒製造。

熱愛看棒球比賽的浩氏，把石鎚酒造的定位比喻為野村克也的ID棒球，表示要以重視資料來執行指揮。

那樣的石鎚酒造，在日本酒消費量逐漸減少的現代，打算在餐中酒上找到活路。透過品嚐日本酒來使餐點越顯美味，製造可以增加用餐美味的酒。這就是石鎚酒造目標中的日本酒姿態。

「純米大吟釀　石鎚」的麴米使用山田錦，掛米使用愛媛的酒米「松山三井」。

ACCESS

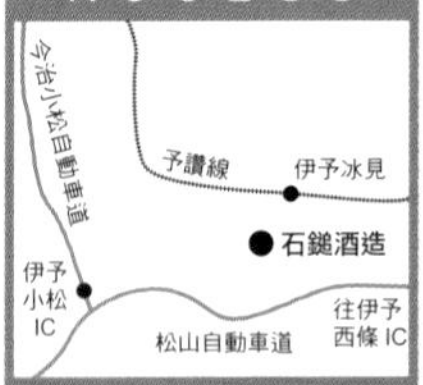

電車的情況
- 從JR予讚線伊予冰見站，徒步約10分鐘

開車的情況
- 從今治小松自動車道伊予小松IC約20分鐘
- 從松山自動車道伊予西條IC約20分鐘

愛媛縣西條市冰見丙402-3
TEL：+81-897-57-8000 限日語

酒藏介紹

千德酒造

目標釀製出深受當地喜愛的酒
是位於燒酎王國宮崎縣中
唯一持續釀製日本酒的酒藏

千德酒藏是日本首屈一指的燒酎王國——宮崎縣當中，對日本酒釀造極為講究的酒藏。縣內39間酒藏裡，有38間酒藏製造燒酎，唯一專心致力於釀造日本清酒的，就是千德酒造。

日本酒的釀造，誠如「寒造」這個詞所示，是較適合在氣候寒冷的地區進行。也就是說，具有溫暖氣候的宮崎縣，本身即具有不利於釀酒的地理環境。

依杜氏門田賢士先生所言，據說每天確認天氣預報是必要條件。只要認為隔天的氣溫會變高，工作時間便要提早開始，在太陽未升起前就要進行釀製。為了使醪的溫度下降，還會使用放入冰塊的釀製水釀造。這種種踏實的努力，讓他們兩度在日本全國新酒評鑑會上獲得金賞。

踏實製造好酒的態度，並不僅限於技術方面。

社長田丸真表示，「我們的堅持與講究，是為了要釀製出深受當地民眾喜愛的酒」。

千德酒造所採用的原料米，幾乎都是跟當地農家簽訂契約栽培的縣產米。

而且，在田地上還會立著「千德酒造」的招牌旗幟，任誰看了都能一眼辨識出千德酒造使用了哪裡的米。

把「安心・安全」視為座右銘，製造符合當地消費者期望的酒。這就是千德酒造製酒的核心準則。

「也有些酒藏因燒酎熱潮而變更為釀製燒酎。即使如此卻依然堅持繼續釀造日本酒，完全是社長的執著呢！」（門田賢士杜氏）

千德酒造對日本酒付出的熱情，比南國宮崎的氣溫還要更火熱呢！

在日本全國新酒評鑑會上目前為止獲得兩次金賞的「千德　大吟釀」。

ACCESS

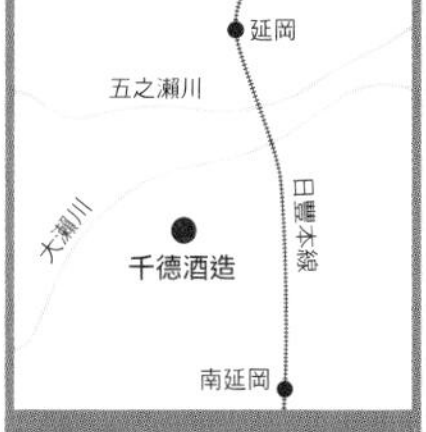

電車的情況
・從JR日豐本線延岡站、南延岡站，開車約5分鐘

宮崎縣延岡市大瀬町2-1-8
TEL：+81-982-32-2024 限日語

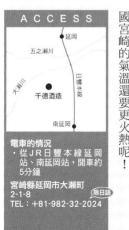

COLUMN

您一定要品飲的濁酒

現在，濁酒在日本全國深受民眾歡迎。

濁酒是米、小麥、泡沫、穀物等，以該地區的特產作物當作原料而製成的酒。由於沒有搾醪的過程，原料的顆粒會自然殘留下來，黏稠白濁是其特徵。

在古代，因為米本身非常珍貴，過濾酒液這一類的行為是非常奢侈的舉動。想當然耳，當時是直接飲用殘留大量固體米粒的酒液。現在，在米的收成祭典時仍會製作濁酒獻給神明，期待明年也是豐收富饒的一年。這樣的傳統習俗仍存留在日本全國。

在傳統習俗以外的濁酒製造，是在2004年以地區活性化為目的有條件的解禁了。現在，允許濁酒製造的「濁酒特區」，在日本全國有90多處，根據2009年酒文化研究所的調查，共有133間生產者。

雖然有各式各樣的限制條件，包括必須以自行栽培的米為原料、必須是經營民宿或餐飲業的農家、釀造場所只限於特區內等要求，但對濁酒製造充滿熱情的人依然相當多。

而使各地生產濁酒的農家齊聚一堂的，是在2010年1月舉行的「TOKYO濁酒嘉年華2010」。雖然是首次舉辦，卻有超過限定名額100名的民眾前去參加，成為一邊限制入場一邊舉辦的活動。在那裡可看見許多想要覓得一款適合自己的酒的人，以及認真品嚐比較的人。

明治初期時，曾有100萬間以上的農家自由地釀造濁酒。但那之後，明治政府為了推廣富國強兵政策，計畫以酒稅來增加稅收，因此禁止了濁酒等自家用酒的釀造。1904年（明治37年）～1905年（明治38年）的日俄戰爭時，據說那項酒稅政策實質上為國家提高了30%的收入。

即便是現在，在沒有獲得許可的狀態下，法律是禁止進行濁酒釀製的。假如想要品嚐看看濁酒的味道，不妨親自去一趟日本全國的「濁酒特區」。

本頁的內容是參考了《真正的酒「推杯換盞」把日本酒文化推向世界》（原書名『本当の酒「差しつ差されつ」日本酒文化を世界へ』）（高田裕一　長崎出版）及其他諸多文獻製作而成。

第四章

知道越多越有趣的日本酒製造方式

日本酒是這樣誕生的

從玄米到清酒……追溯「日本酒」到出廠為止的流程

①精米

削開玄米的外側，除去產生雜味的脂質及蛋白質的手續。精米後的米會因熱而暫時失去水分，保持這個狀態在2.洗米及3.浸漬的時候，再徹底吸取水分。因此，經過了整頓水分狀態的「枯萎」階段，可以往接下來的手續繼續進行了。

②洗米

除去精米程序裡附著在精白米上的細小米糠。由於也有因精白米摩擦的精米效果，因此也被稱為「第二次的精米」。

③浸漬

為了製作優質的蒸米而吸取必要的水分。由於精米程度越低吸水性會變得越高，因此浸漬時間會依精米程度而有所不同。

④蒸米

使用稱為甑的大型蒸籠蒸米，使米的澱粉變為容易受到麴酵素作用的狀態。

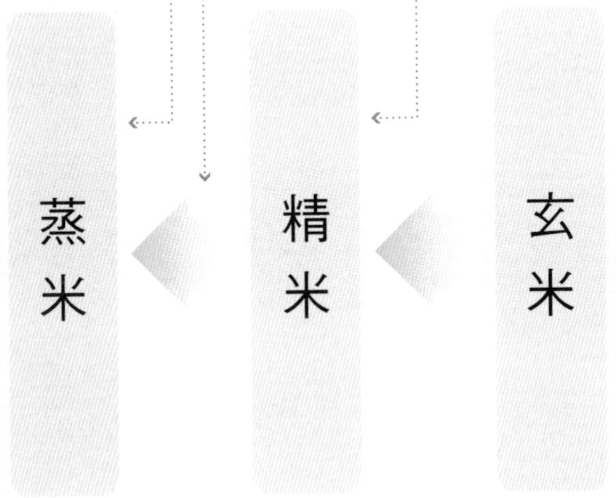

【所有的日本酒都要透過玄米生產】

所有日本酒的原點都是玄米。

玄米經過精米、蒸米、釀製而變成醪（混含渣滓的濁酒），醪再經過除渣、過濾、加熱、加水等過程而變成清酒。

這整個流程，就算再短也至少要2個月半～3個月的時間。證明了製造日本酒，是很需要耗費時間和精力的。

本章，將觸及日本酒的主要原料——米、水——的相關內容，並簡要說明製造日本酒發酵過程的「釀造」部分。

一目瞭然！日本酒的製造方式

⑪ 加熱

由於在這個時間點酵素和酵母的活動尚未停止，會有酒質產生變化的隱憂。因此以60～70℃升溫加熱，進行殺菌及促使酵素喪失活動能力。通常會在貯藏前、裝瓶前共進行2次。而所謂的「生酒」，是連一次加熱也沒有進行就出貨的商品。

⑩ 過濾

把除渣後清澈的部分通過活性碳，再把細微渾濁的部分過濾掉。

⑨ 除渣

容器靜靜放置數日之後，底部會累積稱為渣滓的沉澱物質，分離渣滓和酒液清澈部分的工程，稱為除渣。

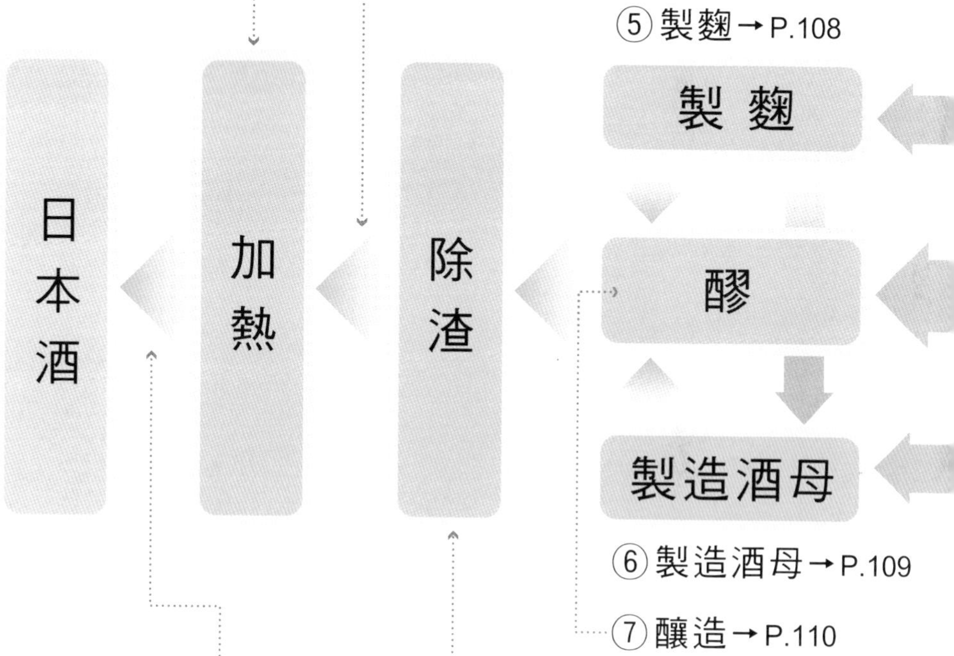

⑬ 加水

酒精發酵結束的日本酒，其酒精濃度通常比20度左右還高，為了配合市售規格，因此加水調整酒質。

⑫ 貯藏

日本酒在此時大約會被貯藏在10～20℃的環境。在這段期間熟成，形成美味及獨特味道。

⑧ 上槽

把發酵結束的醪裝入酒袋中施壓，使酒液和酒糟分離。現在大多使用機器進行該步驟。

何謂製造日本酒所適合的「米」

只要認識了米，就瞭解了日本酒

掌握日本酒品質關鍵的米之成分

碳水化合物

絕大多數是澱粉，其含有量占玄米的7成。經由酵素的糖化過程成為葡萄糖，是酒精發酵不可或缺的成分。

蛋白質

多存在於米的外層，但殘留量一多便會成為雜味的來源，造成酒的香味變差。

脂質

由不飽和脂肪酸和飽和脂肪酸構成。脂質一旦過多，會導致香味變差。

灰分

多存在於澱粉層和胚芽部。由於灰分一多，會促進酵母或麴的生長，因而導致發酵管理變得困難。

維生素

多存在於胚芽部分，以水溶性維生素B群為主。由於幾乎都在精米時就被除去了，對酒質不會造成影響。

並不是好吃的米就能做出好喝的酒！？

日本酒的原料是米和水，其酒精部分則是經由麴和酵母的運作，從澱粉獲得的。

米當中除了澱粉之外，尚含有蛋白質及脂質。富含這些成分的表層部，在精米時被削落很多。

正如同以含有大量雜味原因的米為原料會使品質降低一般，被製造的酒品質，即使說是由米來左右也不為過，因此嚴格要求使用適合製酒的米。

酒造好適米的山田錦（上）及食用米的日本晴（下）的外觀及斷面相片。

◉根據精米的成分變化

精米程度	水分（%）	粗蛋白（%）	粗脂肪（%）	灰分（%）	澱粉含有率
玄米	14.8	7.95	1.90	1.06	69.63
70%精米	12.8	5.83	0.076	0.201	75.75
50%精米	10.5	5.12	0.035	0.174	78.34

越是降低精米程度，並除去蛋白質及脂質，便越會成為澱粉含有率高的米，能產生沒有雜味高品質的酒。

食用米和酒米有什麼樣的不同？

令人感到意外，吃起來好吃的米並不代表就是適合製酒的米。具備適合製酒特性的米，稱為「酒造好適米」，其特徵和我們平日食用的米有極大差異。

首先，和食用米相比它比較大粒。由於製酒過程中需要進行高度的精米，因此必須要使用能夠承受該狀況的大粒米。其次，是米的中心位置有稱作「心白」的白色渾濁部分。心白之所以看起來白，是因為該部分的澱粉乾燥導致。因為有那樣的構造，酒造好適米的內部麴菌能輕易進入，可以製造出品質優異的米麴。

另外，口感也大有不同。相對於我們平日吃的食用米既小粒又黏稠，說到任何一種酒造好適米，都是大粒又顆粒分明的。因此，就算食用酒造好適米應該也不怎麼好吃才對。這是因為食用米和酒米所要求的要素不同。

多認識酒的小知識

所謂的山田錦特A地區是指什麼？

經常用於吟釀酒的米是「山田錦」。它是作為酒造好適米中具備最好條件的米，在製酒時鮮少出現失敗。

所有的酒造好適米，都會標明特上、特等、一等、二等、三等、規格外等標示，但是兵庫縣產的山田錦，卻以具有這些標示以外的專屬標籤而廣為人知。依據產地，分為特A、B、C。

從該地的氣候風土及土壤狀況而被認定為特A的，是兵庫縣三木市吉川町，以及加東市全區域。當然其價格也比一般高，並以名牌米之姿極受到民眾歡迎。

另一方面，被指定為C地區的坂本地區等地，近年來以和特A地區的差異化及提升品質為目標，打出只使用有機肥料栽培等策略，努力提升品質。

誕生名酒的6大酒造好適米及原產地

說到酒造好適米，光是日本全國就至少有50種以上，味道及品質也有天壤之別！從那些米當中，限縮為眾多品牌愛用的6種米吧！

出羽燦燦（dewasansan）

山形縣農業實驗場於1985年耗費11年才商品化的酒造好適米。從平地到低山間地都可以耕作，高度也不及其它酒造好適米，被縣內的生產農家評定為「容易耕作的品種」。此外，山形縣亦推動只使用縣內的生產原料來製造日本酒的「出羽燦燦計畫」。

五百萬石（gohyakumangoku）

1957年誕生的新潟縣培育之品種。五百萬石這個名字，是為了紀念新潟縣的米生產量突破500萬石所命名的。是心白發現率高，品質優異的酒造好適米。現在（2009年度調查結果）的生產量雖然僅次於山田錦而位居第2名，但過去曾有奪下第1名的記錄。以特徵來說，因容易釀製出香味不重且具清爽口感的酒質，因此大多使用於評價為「淡麗辣口」的日本酒。

美山錦（miyamanishiki）

1978年，在長野縣農事實驗場對酒造好適米「高嶺錦（takanenishiki）」進行伽瑪射線的照射，因突變而產生。以具有如同長野縣美麗山麓頂之白雪般心白的酒造好適米之意，而命名為「美山錦」。由於其顆粒又大又齊，再加上心白的發現率相當高，屬於非常出色的酒造好適米。正因為是寒冷的長野縣所開發出來的米，其耐寒性強，在長野縣標高700m以下的酒米生產地帶栽培，甚至連東北地方也有很多種植美山錦的農家。使用美山錦釀造的日本酒，以沉穩的香味及入口的滑順感為特徵。

雄町（omachi）

自1866年便存在，被認為是最古老的酒造好適米。是由岡山縣雄町的篤農家岸本甚造從伯耆大山返家路上偶然發現帶回而開始。雄町雖然長年坐擁酒米的寶座，不過，由於主要力量投入在確保食用米上，加上本身栽培困難而導致生產量減少，曾有一段時間成為了「夢幻之米」。它的遺傳因子遺留在現今諸多的酒造好適米上，舉凡山田錦和五百萬石也都承繼了雄町的遺傳因子。使用雄町釀造的日本酒，以味道濃醇、酒味重且口感微甜的居多。

山田錦（yamadanishiki）

具備所有適合製造日本酒的條件，被譽為「酒米之王」。甚至有段時間還被評定為若不使用山田錦便無法在日本全國新種評鑑會上取得金賞。由於其栽種相當困難，因此，山田錦生產量近8成的兵庫縣便把特別適合栽種的地區認定為特A地區。據說特A地區的山田錦有一般米2倍價格的價值，被日本全國的酒藏們珍貴看待。用於製作具華麗香味及飽滿口感的吟釀酒也非常有名。

神力（shinriki）

原本是兵庫縣產的米，和「愛國」「龜之尾」並稱為日本三大品種。在那之後，神力的栽培雖然荒廢了，但因近年嘗試栽種復古米之故而在熊本再度復甦。從發現保存種子的1993年開始進行實驗，於1996年，由熊本縣內的製造商開始販售冠上神力名稱的吟釀酒。關於作為酒米的實力，在昭和初期的調查中，以雄町和神力做比較，獲得了「是幾乎和雄町沒有什麼差別的優良米」的評價。其酒質的香味又高又輕快。

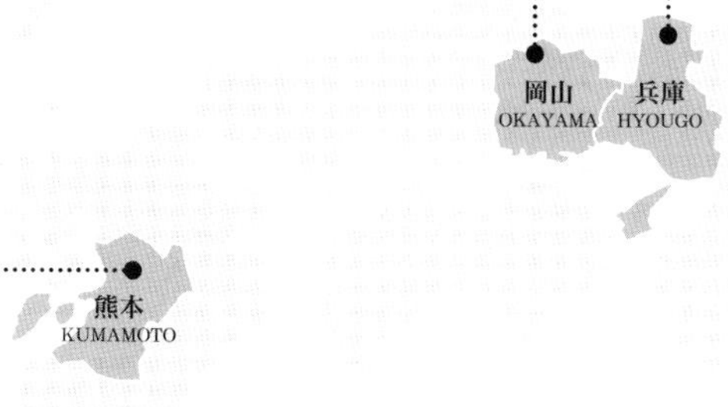

左右味道的不可思議之「水」

為什麼名水周邊有釀酒廠聚集呢？

造酒的水是這樣被使用的

造酒用水
（在造酒工程被使用的水）

瓶裝用水

- **洗瓶用水**
  為清洗瓶子的水。區分為預洗水、清洗溶液、洗淨清水等。
- **調節用加水**
  為調整原酒的酒精濃度符合市售規格而使用的水。添加原酒的10～20%的量。
- **雜用水（瓶裝）**
  在瓶裝場使用的容器、器具、機械設備的清洗用水。

釀造用水

- **洗米・浸漬用水**
  為除去白米表層的糠、其他污漬，以及使米粒內部被水滲透而使用的水。
- **釀製用水**
  使用於酒母、釀製的水。是成為日本酒本身原料的水。
- **雜用水（釀造）**
  與釀造相關的使用容器及釀製器具的清洗，以及當作鍋爐用水使用。

水是造酒的基本元素

在釀造日本酒的過程中，從洗米、浸漬、釀製到清洗，需使用各種用途的水。其中，作為日本酒的一部分直接被我們飲入口中的是調節用加水和釀製用水。

調節用加水，是為了把原酒的高酒精濃度調整到市售規格而使用的方式。

另一方面，釀製用水被使用於製造酒母和醪的生成。那當中所含有的成分，會成為與酒精發酵相關的麴和酵母的營養素。

因此，釀製用水的水質也會影響釀造完成後的酒質。

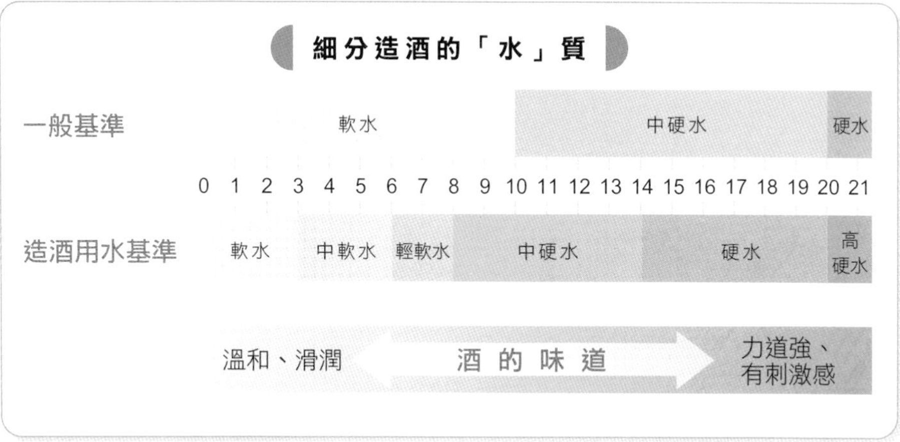

若使用的是軟水，其完成味道會變得清爽；假如使用硬水，則較容易釀出酒精味道濃純的酒質。

所謂水中含有的成分對酒質的影響是？

由於釀造日本酒時不可缺少質地優異的水，因此眾多酒藏都在名水的周邊建構酒窖。

米、水、人，是構成日本酒最重要的元素，但在那些當中，卻只有水是非得從當地區域取得的原料。

「灘之宮水」的發祥地。

名水之一的「灘之宮水」就有一則流傳的逸事。

江戶時代後期，在現今兵庫縣的西宮及魚崎握有酒窖的山邑太左衛門，對於為什麼西宮某一處較能製出上等的酒而感到疑問。

即使更換杜氏或使用工具仍沒有任何改變，於是嘗試性的把西宮的水拿到魚崎使用看看，發現酒質明顯的提升了。

從那之後，許多灘之酒的生產者開始使用西宮的水，並把「西宮之水」的稱呼省略，開始僅以「宮水」稱之。

以此宮水為首的優質水，富含鉀、磷酸、鎂等礦物質成分。這些是培育酵母和麴的必要成分。

相對於上述，由於鐵及錳會使香味變差且顏色褐化，因此大量含有這類成分的水就不適合用於製酒。

認識名酒的產地！全國名水地圖

名酒的背後功臣是名水——。
培育原料米時優良品質的水也必然是不可或缺的要素！
本節介紹幾處在自然豐碩的日本國土上孕育的各地名水。

北海道

- 羊蹄之噴出湧水（北海道）
- 內別湧水（北海道）

東北

- 富田之清水（青森）
- 金澤清水（岩手）
- 桂葉清水（宮城）
- 六鄉湧水群（秋田）
- 月山山麓湧水群（山形）
- 磐梯西山麓湧水群（福島）

關東・甲信

- 御岳溪流（東京）
- 酒水之瀧（神奈川）
- 風布川・日本水（埼玉）
- 熊野之水（千葉）
- 八溝川湧水群（茨城）
- 尚仁澤湧水（櫪木）
- 箱島湧水（群馬）
- 八個岳南麓高原湧水群（山梨）
- 姬川源流湧水（長野）

中國

- 天之真名井（鳥取）
- 壇鏡之瀧湧水（島根）
- 御町之冷泉（岡山）
- 出合清水（廣島）
- 別府弁天池湧水（山口）

東海・北陸

- 杜杜之森湧水（新潟）
- 立山玉殿湧水（富山）
- 御手洗池（石川）
- 御清水（福井）
- 柿田川湧水群（靜岡）
- 木曽川（愛知）
- 長良川（岐阜）

近畿

- 智積養水（三重）
- 離宮之水（大阪）
- 灘之宮水（兵庫）
- 伏見之御香水（京都）
- 泉神社湧水（滋賀）
- 洞窟湧水群（奈良）
- 紀三井寺之三井水（和歌山）

九州・沖繩

- 清水湧水（福岡）
- 龍門之清水（佐賀）
- 島原湧水群（長崎）
- 菊池水源（熊本）
- 男池湧水群（大分）
- 綾川湧水群（宮崎）
- 屋久島宮之浦岳流水（鹿兒島）
- 垣花樋川（沖繩）

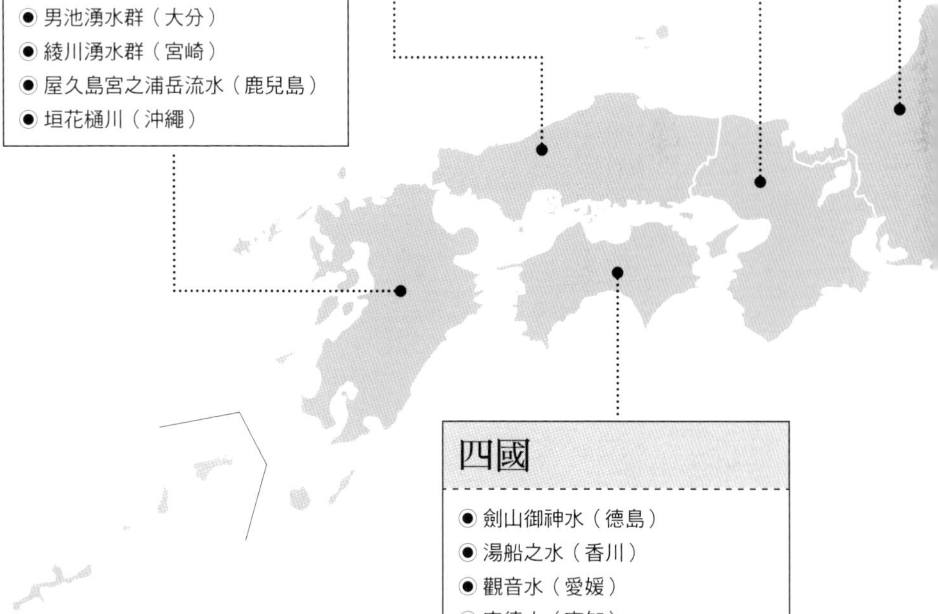

四國

- 劍山御神水（德島）
- 湯船之水（香川）
- 觀音水（愛媛）
- 安德水（高知）

日本酒製造的主要配角 麴・酒母

利用微生物的神秘日本酒

釀製前重要的準備工程——製麴及製造酒母

釀製，由於是從原料的米及水中生出酒精，因此屬於核心工程。

日本酒雖然是透過搾醪而製成，但是為了製醪，在前段製程必須先準備麴及酒母。麴，主要是在蒸米過程中繁殖出黃麴菌的物質。麴具有生成酵素並分解澱粉成為糖分的功用。

酒母是以蒸米、麴和水作為原料，在那當中培養出酵母的物質。為了獲得較多的液體，大量的優質酵母是必要的。

製麴流程

搬入	從蒸好的米運入麴室開始，代表製麴作業展開。米會放置在稱為「地板」的工作台上1～2個小時。
搓揉混合	搬入作業後經過1～2個小時，把蒸米放在工作台上鋪開，在鋪開的蒸米上灑上麴種，為了使麴種能均勻地附著於蒸米上，要用手一邊搓揉一邊混合。
重複翻攪	進行搓揉混合經過10～12小時後，蒸米的表面會變乾燥，米粒彼此也可能會開始相互黏著。此時要把全部的蒸米再次攪拌，透過這個步驟，能夠使溫度及水分一致化，提供氧氣給麴菌。重複翻攪後，再次把蒸米聚集用布包裹好。
分裝	翻攪過後10～12個小時，可能會因為麴菌的生長活動活躍起來導致發熱因而使溫度過高，為了調節溫度，每到一定的量，會把蒸米分裝於一種稱為「麴蓋」的四方型盒子內。
再度翻攪	分裝作業經過7～9小時後，為了防止溫度急速上升，並使麴全體的溫度維持一致，必須再次翻攪蒸米，然後倒放麴蓋。
收尾工作	再度翻攪作業經過6～7小時後，蒸米的溫度若又上升到37～39℃，則再進行一次攪拌。並且為了促使多餘的水分蒸發而把蒸米鋪開，在表面上挖出類似溝渠狀的凹陷，使表面積擴大。
出麴	使用酒母製的酒母麴，從收尾工作開始12小時後，而掛米（製造時追加投入的原料）製的掛米麴則是8小時，完成的麴送出麴室放冷，以中止麴菌的繁殖。

酒母大致上可分為生酛系・速釀系

酒母（酛）

生酛系酒母　　速釀系酒母

酒母依乳酸的吸收方式，可分為生酛系酒母和速釀系酒母。
相對於要繁殖乳酸菌來使乳酸生成的生酛系酒母，
速釀系酒母則是直接把乳酸投入到酒母原料裡。

各自特徵的比較　生酛系酒母 VS 速釀系酒母

	生酛系酒母的特徵	速釀系酒母的特徵
培育期間	酒母的培育時間長	酒母的培育時間短
成本	成本高	成本低
品質	為得到一定的品質需要特殊技術	很容易得到一定的品質
味道	可製成濃醇的酒質	可製成淡麗的酒質

酒母的生物技術

酵母和其他微生物相比屬於比較微弱的存在，但是卻具有能夠抵禦酸性環境的特性（一般的微生物對酸性的抵抗能力較差）。

在製造酒母時，需發揮其酵母的特性，利用乳酸的力量使容器內保持為酸性。在消滅其他的雜菌後，進行酵母的培養。

根據取得乳酸的方式不同，酒母可分為生酛系酒母和速釀系酒母這2種類型。

生酛系酒母是從乳酸菌生成乳酸。在那個過程中，乳酸菌還會生出其他各種成分，因此會出現複雜有深度的味道。

另一方面，速釀系酒母是直接在酒母中添加乳酸本身。現行製造的日本酒約有9成採用這個方式。

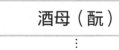

關於只有日本酒才有的發酵

「米」變成「酒」的4天

所謂的三段釀製法

所謂製醪，是在酒母中添加麴、蒸米、水等各原料，使發酵開始的工程。並非一次就把全部的原料加進去，而是分成3階段放入原料的「三段釀製法」，這是製造日本酒的特殊製法。

三段釀製法的各階段原料比例

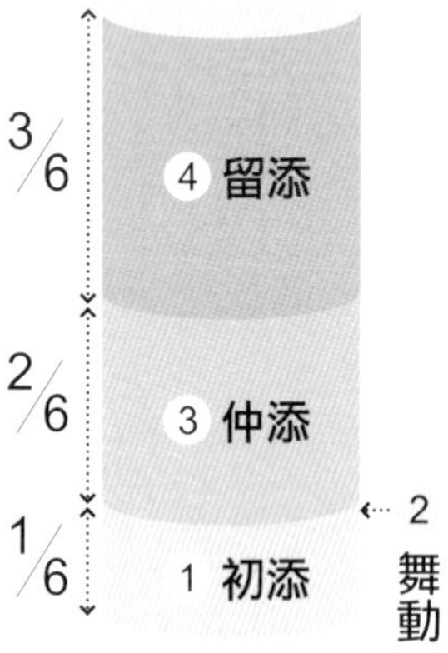

三段釀製法分成4天進行，包括第1天的「初添」、第3天的「仲添」，以及第4天的「留添」才把全部的原料放置進去。第2天為了促進酵母繁殖增加，有一個執行完「初添」後直接放置使之安靜休憩，稱為「舞動」的步驟。

這種分成3階段，逐步增加釀製份量的方法，其實是有原因的。

日本酒由於是在容器蓋開放的狀態下進行發酵，經常會受到雜菌繁殖增加的威脅。假如一次就把原料放入的話，原本保有的酸性就會減弱，容易使雜菌有入侵的機會。

在三段釀製法當中，反映了只有日本酒才有的智慧呢！

世界上極罕見的並行複發酵

日本酒的製造，使用在世界上極罕見的「並行複發酵」。

酒類釀造方法有3種，包括如葡萄酒（wine）般直接使原料中含有的糖分進行酒精發酵的「單發酵」，還有如啤酒（beer）般進行一次原料糖化後再發酵的「單行複發酵」，以及如日本酒（sake）般同時進行糖化和發酵的「並行複發酵」。

透過這個並行複發酵，可以獲得釀造酒當中最高的酒精純度。

◉生出酒精的發酵法差異

單發酵（葡萄酒）

葡萄酒的情況，是因原料的葡萄中含有糖分，因此可以直接進行發酵。

酒精發酵的構造

所謂發酵，是指酵母分解葡萄糖為酒精及二氧化碳。

並行複發酵（日本酒）

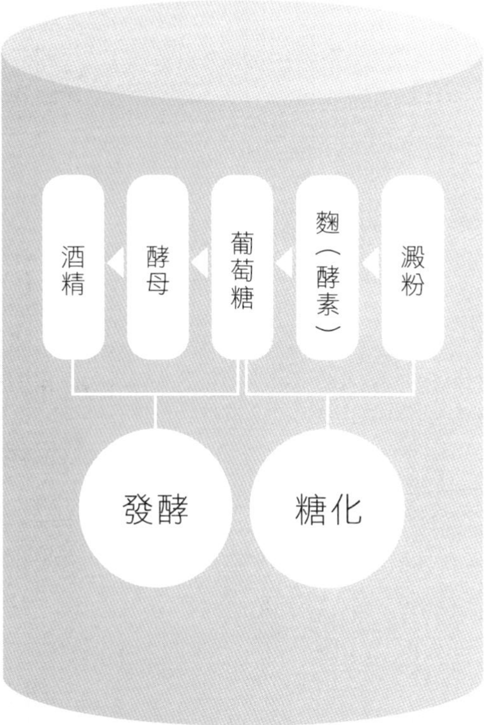

日本酒的情況，是原料米利用麴的酵素糖化同時由酵母進行發酵。這種並行複發酵可以使酒精濃度上升到20%前後，但必須精確的拿捏糖化和發酵的平衡，這需要專業技術。

日本酒發酵的構造

日本酒的原料中不含糖分，只有放置原料的話，酵母無法取得糖分。

在此藉助麴的酵素力量，分解澱粉為葡萄糖。

COLUMN

要不要試試看
你的日本酒知識呢？

首先，這邊出個題目。

「作為酒造好適米的條件，以下哪一項錯誤？」

1. 顆粒大

2. 有心白

3. 蛋白質、脂質較多

4. 吸水率佳

這個題目是SSI（日本酒服務研究會・酒匠研究會聯合會）（原文：日本酒サービス研究会・酒匠研究会連合会）認定之「日本酒檢定」3級檢定問題中的一部分。日本酒檢定，是廣泛提供消費者認識日本酒魅力的機會，以讓消費者能更感受到日本酒的樂趣為目的而實施的測驗。

日本酒檢定依難易度從5級朝準1級到1級，共分為6個等級。而且各級的名稱皆冠上飛鳥時代冠位十二階的階級，從1級開始分別為德・仁・禮・信・義・智等名稱。據說這是因飛鳥時代時日本酒在日本國內普及，因此期盼在現代也能透過冠上名稱的方式使日本酒更加擴展而注入的一種期望。

至於先前的問題解答是3。錯誤的酒造好適米條件，是蛋白質和脂質較多這一項。只要閱讀本書到這邊，就算是3級的問題應該也不算太難吧。好不容易獲得的知識，若只在居酒屋展現高深造詣實在是太浪費了。既然如此，何不考慮試著參加檢定看看呢？

合格的時候，遵循冠位十二階的階級，能夠拿到依顏色區分的認證書及認證卡。透過從5級開始每往前1級的等級提升，各級一色，可以實際感受到自己的日本酒知識正扎實地增加中。而且，收集到全部顏色時，必定也成為了任誰都認可的日本酒專家。

詳細的資料可向「日本酒檢定檢定委員會（日本酒検定検定委員会）」（+81－3－5390－0715）詢問，或是在網路檢索的關鍵字欄鍵入「日本酒檢定（日本酒検定）」查詢。

第五章

最適合今夜的您的酒是？

依情境區分 82種日本酒

本章的品嚐介紹，委請執行「品酒師」資格認證之SSI的研究室長——長田卓氏操筆。

日本酒服務研究會・酒匠研究會聯合會（簡稱SSI）研究室長

長田　卓
（Nagata Taku）

總覺得想喝點小酒⋯在那樣的夜裡

人總是會有忽然想喝點小酒的時刻。

本章中假想民眾容易想飲酒的4種情境，介紹適合各情境的日本酒。

各情境如下：「想要營造特殊時間的夜晚」「想要踏實沉靜地思考事情的夜晚」「想大聲喧鬧的歡樂之夜」「回家後放鬆心情的獨處之夜」。

在進行分類時，由品酒師實際品嚐後，再判斷每瓶酒所適合的情境。

您今夜是什麼心情？若能活用本章為今夜的您選出的一瓶好酒，將是我們莫大的榮幸。

資料的閱讀方式>>>

釀造廠的酒藏名稱及酒藏所在之都道府縣名

日本酒的品牌名稱

介紹之品牌外觀相片

【釀製者的想望】
介紹之各種酒類在釀造上的特徵，以及酒藏對該酒的訊息。

【4種分類】
表示出該酒屬於薰酒、爽酒、醇酒、熟酒這4類型的哪一種。

【品酒師筆記】
品嚐過該酒的品酒師對各酒所持有的香味特徵做出的評價。

【屬性相合的料理】
由酒藏推薦與該酒屬性相合的料理。其中鄉土料理居多，若有機會探訪當地，請一定要親自品嚐！

酒的標籤資訊

※本章所刊載之日本酒，是根據預設情境，介紹判斷為適合品嚐的知名品牌。

※本章所刊載之價格，為各酒藏設定之期望售價。

株式會社小堀酒造店（石川）

緩緩引出的美味餘韻

萬歲樂白山 特別純米酒

釀製者的想望

承繼加賀菊酒的傳說，追求更成熟的味道，「萬歲樂」不惜耗費莫大精力及時間。原料米採用在特A-A地區根據契約栽培培育出的山田錦當中顆粒較大的米。

醇

品酒師筆記

香味 帶著微酸的香氣，有米麩般輕快的原料香味，再加上大頭菜、辣蘿蔔般的根菜類香。

味道 雖然不具豔麗感，但沉穩持續的美味餘韻，以及在口中餘味上留下的苦味也控制得宜，感覺十分爽口。屬於醇酒當中有美好口感的酒類。

屬性相合的料理

◉津合蟹的油炸甲殼　◉加賀連根的海苔裹邊乾炸料理

◆ 使用米：山田錦（特A－A地區）
◆ 精米程度：60%
◆ 使用酵母：NK-7
◆ 釀製水：白山伏流水
◆ 酒精濃度：16度
◆ 日本酒度：+2.0　◆ 酸度：1.3
■ 價格：日幣2,100元（含稅）／720ml　◆ 胺基酸：1.0

仙台伊澤家勝山酒造株式會社（宮城）

確實特別的限定品！極好的一瓶 DIAMOND AKATSUKI

品酒師筆記

薰

香味 以上等且味道重的果香為中心。再加上高級蒸米般的原料香。

味道 質地細緻的高密度口感。如果實提煉結晶般的甜味，像絹綢般滑順的均勻分布於全體。

屬性相合的料理

◉三陸新鮮的各種海鮮類　◉仙台味噌燒飯糰

釀製者的想望

成為“液態的鑽石”是日本酒的巔峰。運用釀造哲學、釀造理論、最先進的釀造技術，所成就出高規格的「老爺酒」。DIAMOND AKATSUKI，是在酒道界最高權威之酒會「組酒之儀（組酒ノ儀）」，於伊達家18代當家上任時所使用的正式採用御用酒。

◆使用米：兵庫縣特A地區山田錦 Triple A
◆精米程度：35%
◆使用酵母：宮城吟釀酵母
◆釀製水：泉之岳的伏流水
◆酒精濃度：16度
◆日本酒度：－2～－3
◆酸度：1.5
◆胺基酸：1.4
■價格：日幣30,000元（稅別）／720ml

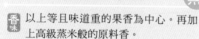

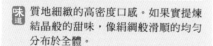

旭酒造株式會社（山口）

獺祭 純米大吟釀 磨二成三分

通曉吟釀香醍醐味的大吟釀

品酒師筆記

薰

香味 具有上等高貴的果實香。還添加了能讓人感到橘子皮等苦味的柑橘類香氣。

味道 甜味的質地豔麗。含水潤澤且具延伸口感，連隱含香味也能讓人感到優質的果實。

屬性相合的料理

◉河豚刺　◉虎魚的生魚片

釀製者的想望

雖然是只使用山田錦製造的純米大吟釀，但那不過是為了釀製出美酒所使出的手段。若非已確信其酒本身非常美味，是不可能出酒藏之門的。以「使用最上等的米應釀製出最高級的酒」為使命而努力。

◆使用米：山田錦
◆精米程度：23%
◆使用酵母：非公開
◆釀製水：軟水
◆酒精濃度：16度
◆日本酒度：非公開
◆酸度：非公開
◆胺基酸：非公開
■價格：日幣5,000元（稅別）／720ml

和田酒造合資公司（山形）

高尚的香味及宛如名刀般鋒利的後勁等優點

大吟釀 名刀月山丸

釀　製　者　的　想　望

選用最高級的原料米（山田錦），以名峰月山的伏流水做成釀製水，使用山形酵母經過長期低溫發酵的酒，便是氣質高雅的大吟釀酒。精心釀造了理想的名刀月山丸。

品酒師筆記　薰

香味　可感覺到蘋果、花梨等果實香，以及柑橘、蓮花等花卉香，是保守高雅的搭配。

味道　口感輕柔，味道緊湊。餘味有極佳後勁。具纖細上等的酒質。

屬性相合的料理

◉野菜料理　◉青菜醃漬品

- ◆ 使用米：山田錦
- ◆ 精米程度：35%
- ◆ 使用酵母：山形酵母
- ◆ 釀製水：月山之伏流水
- ◆ 酒精濃度：16.5度
- ◆ 日本酒度：+5　◆ 酸度：1.3
- ■ 價格：日幣3,800元（稅別）／720ml　◆ 胺基酸：1.0

高砂酒造株式會社（北海道）

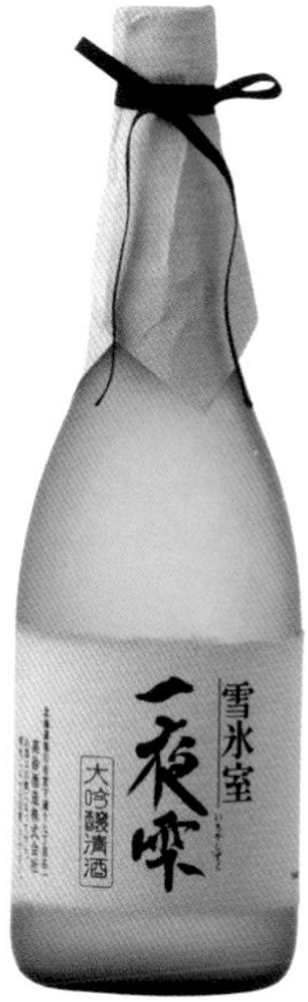

高雅地整理出香味的平衡

大吟釀清酒 雪冰室 一夜雫

釀　製　者　的　想　望

能品味到香氣的華麗、堅實的味道、以及嚥入喉頭時流暢清爽的餘韻。利用嚴冬的旭川釀製，把醪裝入酒袋，在使用雪及冰製造的雪冰室內垂吊一夜，僅收集自然滴落的酒滴。

品酒師筆記　爽

香味　宛如能瞭解其慎重釀製過程般的深奧口感，具有非常上等的原料香。

味道　並沒有特別突出的味道，甜、酸、苦、美的味道均衡展開。

屬性相合的料理

◉鮭魚卵的醬油醃漬品　◉日式燉煮花枝

- ◆ 使用米：兵庫縣產山田錦
- ◆ 精米程度：35%
- ◆ 使用酵母：協會9號系列
- ◆ 釀製水：大雪山伏流水
- ◆ 酒精濃度：15度～未達16度
- ◆ 日本酒度：+5　◆ 酸度：1.1
- ■ 價格：日幣4,494元（含稅）／720ml　◆ 胺基酸：0.7

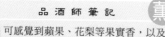

須藤本家株式會社（茨城）

鄉乃譽 純米吟釀酒

堅實的強度，百喝不厭

品酒師筆記

爽

香味 雖然原料香是主體，卻有一股來自米的甜味般的圓潤香味。

味道 如同以酸味及苦味為主體的白葡萄酒。位於輕強度（light-bodied）和中強度（medium-bodied）之間。結構及質地格外堅固。

釀製者的想望

只釀造純米吟釀及純米大吟釀的酒藏。在2007年的International Wine Challenge獲得金賞。口感辛辣後勁爽口，從海鮮魚類到肉類，可搭配的料理範圍極廣。是無論何時皆百喝不厭的酒。

屬性相合的料理

◉梅醬 ◉串烤公魚

◆使用米：夢常陸
◆精米程度：58%
◆使用酵母：藏內
◆釀製水：流水
◆酒精濃度：15度～未達16度
◆日本酒度：＋5
◆酸度：1.3
◆胺基酸：0.9
■價格：日幣1,300元（含稅）／720ml

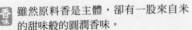

株式會社小堀酒造店（石川）

緩緩引出的美味餘韻
萬歲樂白山 特別純米酒

釀製者的想望

承繼加賀菊酒的傳說，追求更成熟的味道，「萬歲樂」不惜耗費莫大精力及時間。原料米採用在特A-A地區根據契約栽培培育出的山田錦當中顆粒較大的米。

品酒師筆記　醇

香味 帶著微酸的香氣。有米麩般輕快的原料香味，再加上大頭菜、辣蘿蔔般的根菜類香。

味道 雖然不具豔麗感，但沉穩持續的美味餘韻，以及在口中餘味上留下的苦味也控制得宜，感覺十分良好。屬於醇酒當中有美好口感的酒類。

屬性相合的料理

◉津合蟹的油炸甲殼　◉加賀連根的海苔裹邊乾炸料理

- ◆ 使用米：山田錦（特A－A地區）
- ◆ 精米程度：60%
- ◆ 使用酵母：NK-7
- ◆ 釀製水：白山伏流水
- ◆ 酒精濃度：16度
- ◆ 日本酒度：＋2.0
- ◆ 酸度：1.3
- ■ 價格：日幣2,100元（含稅）／720ml
- ◆ 胺基酸：1.0

小泉酒造合資公司（千葉）

滑暢細緻的飲用口感
大吟釀 東魁盛

釀製者的想望

釀酒經歷200年以上的酒藏，也駐有連南部杜氏也有的第13代小泉平藏的純熟技術。只要一開封，哈密瓜般的芳香便會蔓延開來，若含在口內會殘留餘味，滑順的穿過喉嚨。

品酒師筆記　薰

香味 雖然不是蜜桃、麝香葡萄、梅花、或蓮花般濃郁的香，卻有華麗上等的香氣。

味道 細緻的甜味及酸味中，帶有緩慢且持久的淡淡的香味。苦味少，整體呈現流暢輕快感。

屬性相合的料理

◉沙丁魚的魚卵醃漬　◉悶熟海藻及扇貝的料理

- ◆ 使用米：山田錦100%
- ◆ 精米程度：35%
- ◆ 使用酵母：1801
- ◆ 釀製水：淺井戶
- ◆ 酒精濃度：16度
- ◆ 日本酒度：＋3
- ◆ 酸度：1.2
- ■ 價格：日幣3,050元（含稅）／720ml
- ◆ 胺基酸：非公開

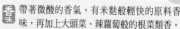

山忠本家酒造株式會社（愛知）

義俠 純米吟釀 侶

越喝越能感受到米所延展的風味

品酒師筆記

爽

香味：以上等原料香為主體。能豐富感到如棉花糖或櫻花餅那種由米而來的甜香。

味道：酸味濃厚，但肌里相當細膩。儘管略有甘甜味及酒精濃度低，卻相當有酒味。伴隨酸味的香甜感會一直持續。

釀製者的想望

把「米本身具備的力量」以最大限度延伸到酒類，徹底的釀製富含米香及米味的酒。雖然是低酒精，但卻是酸甜勻稱讓人喝不膩的酒。

屬性相合的料理

◉鮭魚卵　◉串燒菲律賓簾蛤

- ◆ 使用米：特A地區產山田錦
- ◆ 精米程度：60%
- ◆ 使用酵母：協會10號
- ◆ 釀製水：木曾御岳地下伏流水
- ◆ 酒精濃度：13.9度
- ◆ 日本酒度：－1
- ◆ 酸度：1.2
- ◆ 胺基酸：非公開
- ■ 價格：Open價格／720ml

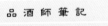

竹之露合資公司（山形）

華麗感和圓潤感的二重奏

純米吟釀

白露垂珠

美山錦

釀　製　者　的　想　望

米若是用栽種時的水烹煮會更添美味。「美山錦」便是使用出羽三山之山毛櫸林滲透的清水所栽種。位於該地的酒藏，以酒米為首的材料全部都使用當地產物，每一瓶酒都是慎重地以手工釀製。

品酒師筆記　薰

香味　櫻桃、柚子、青梅、蘋果等，富酸味果實的華麗感。於此味道上再添加米所具有的圓潤香氣。

味道　具衝擊性的溫和感令人印象深刻。可以感覺到同等份量的甜味及香味。刺激要素少，並帶有溫和的口感。

屬性相合的料理

◉淋上鮪魚湯汁的手工豆腐　◉天然素材的烹調料理

- ◆ 使用米：美山錦
- ◆ 精米程度：55%
- ◆ 使用酵母：山形酵母
- ◆ 釀製水：出羽三山深層水
- ◆ 酒精濃度：15.5度
- ◆ 日本酒度：＋1　◆ 酸度：1.3
- ■ 價格：日幣1,600元（稅別）／720ml　◆ 胺基酸：1.2

玉乃光酒造株式會社（京都）

隱藏於高雅的強力風格

純米大吟釀

備前雄町100%

釀　製　者　的　想　望

被譽為夢幻酒米，幾乎瀕臨絕跡，由玉乃光酒造協助再興的酒造好適米——備前雄町米。本酒是玉乃光酒造100%使用此備前雄町米的傑作。

品酒師筆記　爽

香味　以上等原料香為主體。可令人感覺到深處有強勁力道及獨特風格的香味。

味道　呈現出堅實的苦味，形成嚴密的酒身。後香的乳脂感極具特色。

屬性相合的料理

◉白肉魚的生魚片　◉白肉魚的天婦羅

- ◆ 使用米：岡山縣產雄町
- ◆ 精米程度：50%
- ◆ 使用酵母：協會901號
- ◆ 釀製水：伏水（以桃山丘陵為水源）
- ◆ 酒精濃度：16.2度
- ◆ 日本酒度：＋3.5　◆ 酸度：1.7
- ■ 價格：日幣2,310元（含稅）／720ml　◆ 胺基酸：1.2

株式會社杜之藏（福岡）

濃縮了過往年月的陳年美味

獨樂藏 玄

圓熟純米吟釀2006

釀　製　者　的　想　望

酒質以「能使飲食和酒身深切融合的美酒」當作目標。具圓熟味的安穩香味，緩和的柔和香是其特徵。可能是因已適應了空氣，要是稍微加熱，反而能品飲到美味更勝的美酒。

品酒師筆記　熟

香味　堅果、乾香菇、葛縷子、油脂等個性香，再加上乾稻草香。

味道　具有非常深層的味道。甜、酸、苦化為一體融合在一起。餘韻相當長，酸味和香味一同殘留下來。

屬性相合的料理

◉雞肉汆鍋　◉筑前煮

- ◆ 使用米：山田錦（福岡縣系島產）
- ◆ 精米程度：55%
- ◆ 使用酵母：9號系列
- ◆ 釀製水：高良山水系伏流水（軟水）
- ◆ 酒精濃度：15度
- ◆ 日本酒度：＋4.0　◆ 酸度：1.6
- ■ 價格：日幣1,470元（含稅）／720ml　◆ 胺基酸：1.2

株式會社本家松浦酒造場（德島）

如蘋果般舒暢的甜味

鳴門鯛

大吟釀

釀　製　者　的　想　望

令人聯想到蘋果般的纖細甜香，以及如春風般清爽穩重的味道。把山田錦視為自家精米精心磨練，運用長期低溫發酵釀造。是藏人不惜犧牲閒暇精心釀造的大吟釀。

品酒師筆記　薰

香味　華麗香氣重，以酸為主體的果實（蘋果、柚子）般清爽香氣是其特徵。

味道　在輕快光滑又順暢的米甜中添加適當後勁的簡潔味道。

屬性相合的料理

◉厚切的鯛生魚片　◉牡蠣加檸檬

- ◆ 使用米：兵庫縣產山田錦
- ◆ 精米程度：48%
- ◆ 使用酵母：阿爾卑斯山脈
- ◆ 釀製水：阿讚山脈伏流水
- ◆ 酒精濃度：16度～未達17度
- ◆ 日本酒度：＋4.0　◆ 酸度：1.1
- ■ 價格：日幣3,000元（稅別）／720ml　◆ 胺基酸：1.0

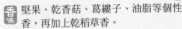

有限公司南部酒造場（福井）

雖感輕快卻是高格調的角色

花垣 特撰大吟釀

釀製者的想望

優雅香氣、圓潤口味，用山田錦釀造的大吟釀。味道濃烈勻稱。傳承了傳統技術，杜氏及藏人皆投入熱情以手工方式釀造的道地口味日本酒。

品酒師筆記 薰

香味 類似白桃、黃桃等的果實香及原料香以同樣程度並存。不會過度輕快，也不會過度厚重，能讓人感到高格調。

味道 高密度的味道結構。甜、酸、苦、香等味道緊湊出現，酒身具有堅實地存在感。

屬性相合的料理

◉生蘿蔔泥配蕎麥麵 ◉味噌醬配芋頭

- ◆ 使用米：山田錦
- ◆ 精米程度：40%
- ◆ 使用酵母：9號系
- ◆ 釀製水：越前大野之伏流水
- ◆ 酒精濃度：16度
- ◆ 日本酒度：＋5.0 ◆ 酸度：1.3
- ■ 價格：日幣3,150元（含稅）／720ml ◆ 胺基酸：1.0

株式會社熊本縣酒造研究所（熊本）

青綠清涼的香氣

純米吟釀 香露

釀製者的想望

100%使用山田錦等酒造好適米、精米研磨至55%的程度、並使用吟釀酵母「協會9號」所釀造的純米吟釀酒。呈現出芳香圓潤的味道。釀製水使用「阿蘇山系的伏流水」。

品酒師筆記 爽

香味 以具有類似西洋菜、三葉菜、山菜、艾蒿、青竹般清涼苦味的蔬菜類香氣為主體。

味道 口感既流暢又緊湊。甜味及酸味雖然擴散強烈，但持續不久，偏中性味道。

屬性相合的料理

◉所有日式料理 ◉生馬肉

- ◆ 使用米：福岡縣產山田錦 掛米：熊本縣產山田錦
- ◆ 精米程度：麴米：45% 掛米：55%
- ◆ 使用酵母：熊本酵母（協會9號）
- ◆ 釀製水：井戶水（阿蘇山脈伏流水）
- ◆ 酒精濃度：16.1度
- ◆ 日本酒度：＋0.5 ◆ 酸度：1.6
- ■ 價格：日幣2,960元（含稅）／720ml ◆ 胺基酸：1.6

新政酒造株式會社（秋田）

白麴帶來的酸味極具個性

白麴釀製　特別純米酒
亞麻貓

品酒師筆記

醇

香味　具有蒸栗、黃豆、大豆般的香氣，確實能令人聯想米麴本身的濃郁香氣。

味道　雖然是以酸為主體，但卻是為酒身帶來渾厚感的飽滿的酸。甜味及香味並不怎麼強。是有個性的味道。

釀製者的想望

「亞麻貓」是添加了使用於一般日本酒的黃麴，以及使用於燒酎製造的白麴所釀製的酒。白麴和黃麴不同，由於會產生檸檬酸，因此不需要使用釀造乳酸便已經能夠製出清爽口感的酒。

屬性相合的料理

◉魟魚料理　◉丼類料理

◆ 使用米：麴米：山田錦　掛米：吟之精
◆ 精米程度：60%
◆ 使用酵母：6號酵母
◆ 釀製水：奧羽山脈系伏流水
◆ 酒精濃度：15度
◆ 日本酒度：＋7.0
◆ 酸度：2.1
◆ 胺基酸：1.2
■ 價格：日幣1,400元（含稅）／720ml

諏訪酒造株式會社（鳥取）

豐富及纖細的雙面魅力

諏訪泉 純米吟釀

滿天星

釀製者的想望

使用山田錦做成酒母及麴米，使用玉榮做成掛米，研磨為50%的精米，採取完全發酵，經過2年的熟成時間才出廠。以溫酒方式品飲，是能夠輕易搭配各式料理的酒。

品酒師筆記　醇

香味 飽滿的豐富香氣。如玄米、稻穗般乾燥穀物類的香味為中心。可從香氣裡充分感受到美味成分。

味道 雖然有豐富韻味，但味道的構成卻很縝密。是以酸為主體伴隨苦味及香味的重口味類型。後勁感佳。

屬性相合的料理

◉鹽燒大龍蝦　◉燉煮咖哩

- ◆ 使用米：酒母・麴米：山田錦　掛米：玉榮
- ◆ 精米程度：50%
- ◆ 使用酵母：K-9
- ◆ 釀製水：自家井戶（全硬度2度）
- ◆ 酒精濃度：15度～16度
- ◆ 日本酒度：＋3.5　◆ 酸度：1.4
- ■ 價格：日幣1,785元（含稅）／720ml　◆ 胺基酸：非公開

三浦酒造株式會社（青森）

忠實引導出米魅力的酒質

純米吟釀

豐盃米

釀製者的想望

和當地農家以契約方式栽培由青森縣開發的酒造好適米「豐盃」，酒藏兄弟杜氏使用岩木山的伏流水釀製。純米吟釀豐盃米，不管是溫酒還是冷酒，都是令人不陌生的好酒。

品酒師筆記　薰

香味 在道明寺粉、剛製成糕餅般的原料香中，加上白桃、枇杷等日式果實香。

味道 味道的骨架堅實，美味成分也非常充分。具有既圓潤又纖細的口感。應該算是薰酒中味道相當道地的類型。

屬性相合的料理

◉飛魚切片　◉津輕醃漬品（津輕是青森的地名之一）

- ◆ 使用米：豐盃
- ◆ 精米程度：55%
- ◆ 使用酵母：協會1501
- ◆ 釀製水：自社井戶岩木山伏流水（軟水）
- ◆ 酒精濃度：15度～未達16度
- ◆ 日本酒度：＋2.0　◆ 酸度：1.7
- ■ 價格：日幣2,880元（含稅）／1.8L　◆ 胺基酸：1.4

龜泉酒造株式會社（高知）

只有高知才有的酸甜魅力

龜泉 純米吟釀生 CEL-24

釀 製 者 的 想 望

使用以美味、愉悅、有趣為座右銘之高知縣產的米、酵母、及水，釀造出富多樣化的酒。CEL-24保有華麗香氣、清爽酸味、且甜味達到絕妙的平衡，是如白葡萄酒般的酒。

品 酒 師 筆 記　爽

香味 可令人聯想到根菜類清爽的苦味，以及新米般舒暢的原料香是其特徵。

味道 第一印象是酸酸甜甜。苦味等成分極少，順暢且餘韻短。殘留在最後的是豐富的米風味。

屬性相合的料理

◉鰹魚生魚片　◉番茄類料理

- ◆ 使用米：八反錦
- ◆ 精米程度：50%
- ◆ 使用酵母：CEL-24
- ◆ 釀製水：井戶水（軟水）
- ◆ 酒精濃度：14.8度
- ◆ 日本酒度：－6.0　◆ 酸度：2.0
- ■ 價格：日幣1,470元（含稅）／720ml　◆ 胺基酸：1.1

大七酒造株式會社（福島）

雖然輕巧卻有美味充實的餘韻

大七 純米生酛

釀 製 者 的 想 望

不允許妥協、全心全意地使用傳統的生酛釀製法釀造美酒。只有實品才有的豐富濃郁感及香味，敲動日本人內心深處的美味，這才能稱得上是日本酒。即使做成溫酒也一樣好喝！

品 酒 師 筆 記　醇

香味 能確實感受到剛炊好的米等原料香。添加少許黃油、鮮奶油類的香氣，醞釀出奶油香。

味道 若從香味的印象來說，其攻擊性意外地穩重。不過，可從一點一點蔓延的香味餘韻看見該酒的本質。

屬性相合的料理

◉楓葉醃漬品（鮭魚及鮭魚卵的米麴醃漬品）◉魚火鍋

- ◆ 使用米：五百萬石
- ◆ 精米程度：69%（扁平精米）
- ◆ 使用酵母：協會7號
- ◆ 釀製水：安達太良伏流水
- ◆ 酒精濃度：15度～16度
- ◆ 日本酒度：＋3.0　◆ 酸度：1.6
- ■ 價格：日幣2,580元（含稅）／1.8L　◆ 胺基酸：1.2

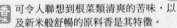

富久千代酒造有限公司（佐賀）

就是這一瓶！封存米香的美酒

鍋島　特別純米酒

釀　製　者　的　想　望

日標成為佐賀・九州的代表地方酒。米全部用蒸籠蒸熟，酒母使用生酛釀造，醪以少量釀製及認真釀酒等，一點一滴地使理想的味道成形。

品酒師筆記　醇

香味　香味保守。散發出如剛蒸熟的米香及白米麩般的輕柔原料香。

味道　輕微的黏稠口感。其特徵在於雖然不怎麼華麗，卻能強烈感到圓潤甜味及由後方傳來的香味。餘味的苦味，說是後勁，卻更像是帶來濃醇感。

屬性相合的料理

◉佐賀牛的壽喜燒　◉蒸煮昆布捲鯽魚

- ◆ 使用米：麴米：山田錦　掛米：佐賀之華
- ◆ 精米程度：55%
- ◆ 使用酵母：佐賀縣9號以外品牌
- ◆ 釀製水：多良岳山系地下水
- ◆ 酒精濃度：15度
- ◆ 日本酒度：＋5.0　◆ 酸度：1.6
- ■ 價格：日幣1,340元（含稅）／720ml　◆ 胺基酸：非公開

瀧澤酒造株式會社（埼玉）

熟成所醞釀的深度及上等果實香

菊泉　大吟釀　三年老酒

釀　製　者　的　想　望

1863年創業以來，一直採取手工方式嚴謹地釀造酒品。尤其在製麴方面最為講究，從普通酒以至大吟釀酒，皆採用名為箱麴法的傳統製法。

品酒師筆記　熟

香味　可感覺到柏木、日本紙、稻草等的香味及山椒般辛辣的香味，那味道和日本水果般保守的吟釀香十分契合。

味道　稍微帶點黏稠的口感。因香料調味透過熟成而呈現的深度，和上等的吟釀香相互融合。

屬性相合的料理

◉悶熟煮爛的蔥料理　◉奈良醃漬品

- ◆ 使用米：山田錦
- ◆ 精米程度：40%
- ◆ 使用酵母：埼玉C
- ◆ 釀製水：自社井戶水
- ◆ 酒精濃度：16.4度
- ◆ 日本酒度：＋5.0　◆ 酸度：1.2
- ■ 價格：日幣2,436元（含稅）／720ml　◆ 胺基酸：1.0

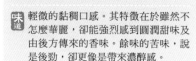

石鎚酒造株式會社（愛媛）

被譽為精品的酸甜滋味相互爭豔

石鎚 純米吟釀 綠標

釀　製　者　的　想　望

慎重的原料處理，以及近40天的長期低溫發酵，釀製則採取槽搾法緩慢地壓搾。綠標是在平靜系列中仍屬兼備飽滿深意滋味的酒。

品酒師筆記　爽

香味　在類似米麩、葛粉般輕薄原料香當中再加上如棉花糖般的甜香。

味道　具衝擊性擴散的清晰甜味及滑順口感是其特徵。之後展開敏銳鮮明的酸味亦不遜於甜味湧上喉嚨。

屬性相合的料理

◉瀨戶內之白身魚　◉義大利風味雞料理

◆ 使用米：麴米：兵庫縣產山田錦　掛米：愛媛縣產松山三井
◆ 精米程度：麴米：50%　掛米：60%
◆ 使用酵母：自家培養酵母KA-1
◆ 釀製水：石鎚山系伏流水
◆ 酒精濃度：16度～17度
◆ 日本酒度：＋5.0　◆ 酸度：1.6
■ 價格：日幣1,350元（稅別）／720ml　◆ 胺基酸：1.2

石川酒造株式會社（東京）

水果及奶油般的香氣

多滿自慢 たまの慶 純米大吟釀

釀　製　者　的　想　望

以五百萬石慎重釀製的純米大吟釀酒。由於搾完封裝到瓶中時有進行仔細的加熱，香味完整的保留了下來。由熟成帶出的圓潤口感，是相當容易飲用的酒。

品酒師筆記　薰

香味　在香蕉、哈密瓜的香味上，再加上鮮奶油、牛奶蛋糊的香，宛如是水果雪克一般。

味道　口感非常圓潤。酸味靠近、甜味隨後跟上的感覺。直到最後圓潤的味道仍持續不減。

屬性相合的料理

◉深川飯　◉相撲力士鍋

◆ 使用米：新潟縣產五百萬石
◆ 精米程度：50%
◆ 使用酵母：K1501
◆ 釀製水：自社天然地下水
◆ 酒精濃度：15度～16度
◆ 日本酒度：＋1.0　◆ 酸度：1.5
■ 價格：日幣1,628元（含稅）／720ml　◆ 胺基酸：1.1

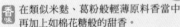

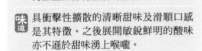

原酒造株式會社（新瀉）

帶有新芽般清新的苦味

越之譽 大吟釀

釀製者的想望

以200年的傳承技術所釀造出的味道非常溫和，品飲後的餘韻也相當令人喜愛。在嚴寒之日耗時進行精米、發酵、釀造等工作。釀製好的酒全部用瓶裝貯藏。是不惜耗費精力及時間的酒。

品酒師筆記 爽

香味 清涼感高，令人想到新芽般清新鮮嫩的香氣，以及使人感覺宛如萊姆皮般清澈的苦香是其特徵。

味道 雖然節奏緊湊，卻是由上等質感的高級味道構成。如柑橘類外皮般感覺舒服的苦味，更增添其美味。

屬性相合的料理

◉生魚片、海鮮薄切片拼盤 ◉沾酒糟或味噌的烤魚

◆ 使用米：山田錦、越淡麗
◆ 精米程度：麴米：40%　掛米：40%
◆ 使用酵母：非公開
◆ 釀製水：米山山脈
◆ 酒精濃度：16.3度
◆ 日本酒度：+2.4　◆ 酸度：1.2
■ 價格：日幣4,000元（稅別）／720ml　◆ 胺基酸：1.15

中島釀造株式會社（岐阜）

酸味適宜促進食慾的餐中酒

小左衛門 純米吟釀

釀製20號美濃瑞浪米

釀製者的想望

在當地由米製作的精緻酒品。柔軟的吟釀香、綿密的舌面觸感、以及絕妙的酸味實在令人食慾大開。在使人想到美味的香氣裡，添加了環繞在口中的酸味。

品酒師筆記 醇

香味 米麴本身即可使人聯想到棉花糖、櫻花餅、蕨餅等飽滿的甘甜香味。

味道 雖然有厚實口感，卻是以後勁極佳的酸味為主體。甘甜味從後方緊追上來。擴散開來的飽滿餘韻香，令人印象深刻。

屬性相合的料理

◉烤雞肉串 ◉煎蛋捲

◆ 使用米：瑞浪米
◆ 精米程度：50%
◆ 使用酵母：自家酵母
◆ 釀製水：屏風山系伏流水
◆ 酒精濃度：16.5度
◆ 日本酒度：0　◆ 酸度：1.9
■ 價格：日幣1,650元（含稅）／720ml　◆ 胺基酸：1.3

株式會社福光屋（石川）

持續到最後的華麗香味

加賀鳶
純米大吟釀 藍

釀製者的想望

徹底追求純米釀造的技術，以後勁鮮明的味道為基調，擴展美味領域的「加賀鳶」。「藍」是只使用契約栽培的「山田錦」，以慎重的傳統技法精心釀造出如同日本酒生命線般美味的濃烈純米大吟釀。

品酒師筆記

爽

香味 以華麗吟釀香為中心。在宛如油桃、甜糕餅糖果的香味中，再添加了薰衣草、金木犀般花香的高貴感。

味道 輕快的酸味和鮮明的苦味所交織出的無甜平實風味。含香也非常高雅。

屬性相合的料理

◉醃大頭菜夾鰤魚壽司　◉生魚片（黑喉魚、鰤魚、蝦、甜蝦）

◆使用米：山田錦100%
◆精米程度：50%
◆使用酵母：自社酵母
◆釀製水：惠之百年水（犀川水系）
◆酒精濃度：16度
◆日本酒度：＋4.0
◆酸度：1.4
◆胺基酸：1.2
■價格：日幣2,100元（含稅）／720ml

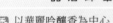

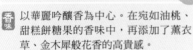

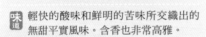

酒井酒造株式會社（山口）

木桶香帶來的深度及懷念感

五橋 木桶製造純米酒

釀製者的想望

以山口縣原創酒米「西部之雫」作為原料米，使用由樹齡超過80年的杉木製作的木桶，用傳統的生酛釀製法釀造的純米酒，是具有能感覺微弱樹香，且味道複雜的酒。

品酒師筆記 醇

香味 上等的日本紙、剛削好的柏木等木質香。這當中再加上會令人想到米或乳製品的牛奶香，香味相當豐富多樣。

味道 具滑順的濃郁口感。以厚實的酸味及力道強的苦味形成酒身。餘韻中殘留若干澀味及木質香。

屬性相合的料理

◉甘露煮鯰魚 ◉味噌煮鯖魚

- ◆ 使用米：西部之雫
- ◆ 精米程度：70%
- ◆ 使用酵母：協會701號
- ◆ 釀製水：錦川伏流水（軟水）
- ◆ 酒精濃度：15度～16度
- ◆ 日本酒度：＋2～3 ◆ 酸度：2.1～2.2
- ■ 價格：日幣2,730元（含稅）／1.8L ◆ 胺基酸：1.6～1.7

秋鹿酒造有限公司（大阪）

具深度內涵又散發威嚴的香氣

秋鹿 山廢純米加熱原酒

釀製者的想望

使用70%當地產的山田錦所釀造出的山廢釀製純米原酒，經過1年半以上的熟成，變化為圓潤之感。美味和酸味逐漸調和為具有品飲價值的酒。上燗～熱燗，甚至是溫酒放涼等，都十分美味。

品酒師筆記 醇

香味 極具凝縮感的深奧香味。散發著類似蜂蜜、杏仁乾的香味，以及甘栗、草餅般的原料香。

味道 帶有輕微黏稠的口感。雖然酸味強，卻有和香味契合的味道。含香中能感受到玄米類及乳製品的味道。

屬性相合的料理

◉烏龍鍋燒麵 ◉獅子肉味噌鍋

- ◆ 使用米：山田錦
- ◆ 精米程度：70%
- ◆ 使用酵母：協會7號
- ◆ 釀製水：藏內井戶水（軟水）
- ◆ 酒精濃度：18度～19度
- ◆ 日本酒度：＋10 ◆ 酸度：2.1
- ■ 價格：日幣2,835元（含稅）／1.8L ◆ 胺基酸：1.2

株式會社增田德兵衛商店（京都）

抑制甜味的成熟濁酒

月之桂

大極上中汲濁酒

釀　製　者　的　想　望

位於京都伏見最古老的酒藏。是日本最早釀造「濁酒」的酒藏。最重視季節感和個性。濃密的泡沫也可以提高和料理搭配的屬性。

品酒師筆記　醇

香味　結合了日式點心般的高級甜香、上等的麴香、碳酸氣體及酒精帶來的清涼香等3大要素。

味道　碳酸氣體的刺激綿密，以少甜的苦味為主題。雖然作為濁酒時屬於辣口類型，卻充分保留了米香。

屬性相合的料理

◉味噌醬燒茄子　◉精緻料理

◆ 使用米：福井縣產五百萬石
◆ 精米程度：60%
◆ 使用酵母：協會7號
◆ 釀製水：月之桂伏流水
◆ 酒精濃度：17度
◆ 日本酒度：0～－2　◆ 酸度：1.7
■ 價格：日幣1,210元（含稅）／720ml　◆ 胺基酸：1.3

泉橋酒造株式會社（神奈川）

上等甜香及溫和口感

泉橋

純米吟釀　惠　藍標

釀　製　者　的　想　望

從栽培原料酒米以至於到精米及釀造，採取一氣呵成的作法。使用以黏土質土壤培育出的當地產山田錦釀造純米吟釀酒。不論西式還是日式料理，搭配該酒都很適合。

品酒師筆記　薰

香味　散發出各種風味的甜香。包括金合歡的蜂蜜、成熟的蜜桃、厥餅、千歲糖等香氣。

味道　口感溫和甘甜，具有清爽潔淨的口感。之後散發出的酸味及苦味，徹底地收緊最後蔓延開的味道。

屬性相合的料理

◉渦輪料理（鄉土料理）　◉烤海螺

◆ 使用米：海老名產山田錦
◆ 精米程度：麴米：50%　掛米：58%
◆ 使用酵母：901
◆ 釀製水：地下水
◆ 酒精濃度：16度
◆ 日本酒度：＋1.0　◆ 酸度：1.5
■ 價格：日幣1,575元（含稅）／720ml　◆ 胺基酸：非公開

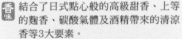

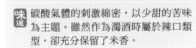

利守酒造株式會社（岡山）

即使在生酛當中衝擊也十分顯眼

酒一筋

生酛純米吟釀

釀　製　者　的　想　望

使用江戶時代傳承至今的正統釀造法，經過複雜程序，耗費兩倍以上的時間，使之繁衍出自然的乳酸菌和酵母。具備只有生酛釀製才有的豐富濃郁，以及品飲時越過喉嚨的特有舒暢感。

品酒師筆記　醇

香味 原料香的嘉年華。而且還能強烈感受到如香菇、昆布般濃郁的香氣。

味道 雖然甜味、酸味、香味是各自主張各自獨立存在的味道，卻不會冗長地持續，甚至還有乾脆的舒暢後勁。

屬性相合的料理

◉烤雞肉串　◉厚脂魚料理

- ◆ 使用米：雄町
- ◆ 精米程度：58%
- ◆ 使用酵母：非公開
- ◆ 釀製水：自家井戶水
- ◆ 酒精濃度：15度～16度
- ◆ 日本酒度：+3～4　◆ 酸度：2
- ■ 價格：日幣1,533元（含稅）／720ml　◆ 胺基酸：非公開

株式會社南部美人（岩手）

具深度風味的濃郁烈酒

南部美人

特別純米酒

釀　製　者　的　想　望

特別純米酒使用了和當地金田一農業營運合作社簽訂，以無化學肥料並減農藥栽培所培育的縣內原創酒米「吟乙女」為原材料。以釀造出品飲後可使人笑容滿溢、希望無限的酒為目標。

品酒師筆記　醇

香味 除了有能使人聯想到香菇、蕈菇等磨菇系列的濃郁香氣外，還再加上宛如乳製品的鬆軟白乳酪及棉花糖般的酸味、甜味等香氣。

味道 帶有穩重豐富的味道。香味的餘韻很長。確實有飽滿的味道。

屬性相合的料理

◉海鞘鹹魚肉　◉仙貝湯

- ◆ 使用米：吟乙女
- ◆ 精米程度：55%
- ◆ 使用酵母：9號系
- ◆ 釀製水：井戶水（中硬水）
- ◆ 酒精濃度：15.5度
- ◆ 日本酒度：+5　◆ 酸度：1.5
- ■ 價格：日幣2,415元（含稅）／1.8L　◆ 胺基酸：1.1

株式會社仙禽（櫪木）

甜味及酸味所醞釀出的強烈世界

仙禽

木桶釀製山廢純米無過濾原酒

釀 製 者 的 想 望

併用了木桶＋山廢酒母這種古典釀製法所釀造出的仙禽濃烈酒款。具備無過濾原酒原始狀態的極甜與極酸，由這些味道交織出仙禽的世界。

品 酒 師 筆 記 醇

香味：幾乎到令人懷疑這是不是日本酒的程度。以黃油、牛奶蛋糊奶油、鮮奶油等的奶香乳製品之香味為主體。

味道：甜味及酸味非常強，像這樣個性鮮明的款式不容易看到。奶香的香料調味也相當強烈。

屬性相合的料理

◉鮭魚末和蔬菜絲的醃漬料理（鄉土料理） ◉奶油起司海苔蓋飯

◆ 使用米：龜之尾
◆ 精米程度：80%
◆ 使用酵母：協會601號
◆ 釀製水：鬼怒川伏流水
◆ 酒精濃度：17度
◆ 日本酒度：－3　◆ 酸度：2.6
■ 價格：日幣3,000元（含稅）／1.8L　◆ 胺基酸：0.8

米田酒造株式會社（島根）

濃醇島根地方酒的原型

特別純米 **豐之秋**

「麻雀與稻穗」

釀 製 者 的 想 望

繼承了出雲杜氏的技術及傳統，藉由當地的技術、水及米，朝手工釀酒日益邁進。從道具類準備以至於麴室配置皆採用講究的木製品，以傳達“柔和飽滿又美味，使人感覺舒適”為座右銘的酒。

品 酒 師 筆 記 醇

香味：既穩重又有強勁力道的米香。散發出標籤上圖像之稻穗本身的香味。

味道：甜、酸、苦、香，全都是基調鮮明的味道。香味的餘韻非常長。

屬性相合的料理

◉白魚天婦羅 ◉蕎麥麵

◆ 使用米：山田錦（65%）、改良雄町（35%）
◆ 精米程度：麴米：58%　掛米：58%
◆ 使用酵母：協會901號
◆ 釀製水：湧水
◆ 酒精濃度：15度～16度
◆ 日本酒度：＋2.0　◆ 酸度：1.6
■ 價格：日幣2,573元（含稅）／1.8L　◆ 胺基酸：1.5

萱島酒造有限公司（大分）

西之關

甜味、美味明確的傳統日本酒

手工製造純米酒

釀製者的想望

發展、承繼當地的傳統手工製法，不斷地追求超越甜辣口味之日本酒原始香味的關西純米酒。是具備圓潤飽滿等米原始之芳醇感的酒。

品酒師筆記　醇

香味 可感覺到蒸米、炊米、稻穗、稻草等一切來自米的香味。可說是芳醇的極致。

味道 清楚的感覺到甜味及香味。能使人感到傳統日本酒力道的強勁。

屬性相合的料理

◉醃漬香魚卵　◉海鮮湯頭燉香菇

- ◆ 使用米：八反錦、日之光
- ◆ 精米程度：60%
- ◆ 使用酵母：協會9號
- ◆ 釀製水：國東半島兩子山系伏流水
- ◆ 酒精濃度：15度～15.9度
- ◆ 日本酒度：－2　◆ 酸度：1.4
- ■ 價格：日幣2,544元（稅別）／1.8L　◆ 胺基酸：1.9

株式會社車多酒造（石川）

天狗舞

只有山廢釀製才有的獨特芳醇香味

山廢純米吟釀

釀製者的想望

充分引出米香，使用天狗舞特有的山廢酒母釀製法所釀造的純米吟釀酒。藉由山廢釀製法做出的芳醇口感，是極暢銷的「美・香・酒」風味。適合當作餐中酒的吟釀酒。

品酒師筆記　醇

香味 凝縮了玄米類的原料香以及類似乾香菇的香氣。而且，還在砂糖般的甜香中添加日式紙等木質香等，是厚重又複雜的香味。

味道 以伴隨香味的酸為主體，味道的餘韻非常久。實屬強而有力的酒質。

屬性相合的料理

◉鰤魚配白蘿蔔　◉押壽司

- ◆ 使用米：特A地區產山田錦
- ◆ 精米程度：45%
- ◆ 使用酵母：自家培養酵母
- ◆ 釀製水：中等程度的硬水
- ◆ 酒精濃度：15.9度
- ◆ 日本酒度：＋4　◆ 酸度：1.6
- ■ 價格：日幣3,000元（含稅）／720ml　◆ 胺基酸：1.0

鶴乃江酒造株式會社（福島）

也適合推薦給辣味口感愛好者的滑順甜味

會津中將 純米酒

釀 製 者 的 想 望

把福島縣產米60%做成精米，以舊有的槽搾法壓搾出飲用不膩的芳醇味純米酒。從冷酒到溫酒，適合用任何溫度品飲。

品 酒 師 筆 記 醇

香味　米的色澤確實使人想稱其為純米酒。有穩重鎮定的威嚴感。

味道　和香味一起，甜味清楚明顯的口感。是只有這款酒才能生出的圓潤濃郁感。

屬性相合的料理

◉味噌醬燒料理　◉蕈菇豆腐紅蘿蔔清湯（鄉土料理）

◆ 使用米：五百萬石及其他
◆ 精米程度：60%
◆ 使用酵母：非公開
◆ 釀製水：井戶水
◆ 酒精濃度：15度
◆ 日本酒度：0　◆ 酸度：1.4
■ 價格：日幣1,250元（稅別）／720ml　◆ 胺基酸：非公開

株式會社三宅本店（廣島）

西洋點心般的甜香獨具個性

千福 純米大吟釀 藏

釀 製 者 的 想 望

嚴選之廣島縣產酒品，100%使用廣島縣開發之酒造好適米「千本錦」，製出具備滑順口感及微弱濃郁感的酒。在Monde Selection酒類評鑑中連續2年（2009、2010）榮獲最高金賞獎。

品 酒 師 筆 記 爽

香味　以牛奶蛋糊、黃油等乳製牛奶香為中心。也有威化餅、長崎蜂蜜蛋糕般西洋糕點類的甜香。

味道　甜香及攻擊性的甜味雖然很有廣島風格，但又漂亮又鮮明的酸味及苦味，才更是把餘味調合地恰到好處。

屬性相合的料理

◉天婦羅　◉火鍋類料理

◆ 使用米：千本錦
◆ 精米程度：50%
◆ 使用酵母：瀨戶內21號
◆ 釀製水：灰之峰伏流水
◆ 酒精濃度：17.5度
◆ 日本酒度：+4　◆ 酸度：1.5
■ 價格：日幣2,625元（含稅）／720ml　◆ 胺基酸：1.2

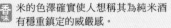

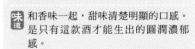

板倉酒造有限公司（島根）

雖美味卻辣口，是備受矚目的島根地方酒

天穩 純米無過濾原酒

釀　製　者　的　想　望

全面使用當地栽培的酒造好適米「改良雄町」，以能成為香氣沉穩的美酒並實現作為辣口餐中酒飲用的目的為目標。貯藏半年後，裝瓶時再度加熱殺菌而使味道穩定。

品酒師筆記　醇

香味　令人聯想到剛蒸好的米飯或搗好之麻糬的飽滿香氣，加上丸子串的甘甜深奧香氣，與根菜類般的鮮明要素緊密結合。

味道　濃郁與清爽，相反兩項要素的融合。

屬性相合的料理

◉鹽燒黑喉魚　◉煙燻培根、香腸

- ◆ 使用米：改良雄町
- ◆ 精米程度：70%
- ◆ 使用酵母：協會7號
- ◆ 釀製水：中硬水
- ◆ 酒精濃度：18.4度
- ◆ 日本酒度：＋7.5　◆ 酸度：2.1
- ■ 價格：日幣1,500元（含稅）／720ml　◆ 胺基酸：1.4

株式會社小嶋總本店（山形）

既纖細又縝密的風味

東光 純米大吟釀

釀　製　者　的　想　望

為米澤的自然所環抱，小嶋總店致力於砥礪技術的態度並持續精進於好酒的釀造。純米大吟釀是將山田錦高度精米後，將醪裝入酒袋並只把自然滴落的酒液裝製成瓶。

品酒師筆記　薰

香味　令人聯想到西洋菜、鴨兒芹等蔬菜的清新香氣，更增添了威化餅等乾燥穀物般輕快芳香的香氣。

味道　味道非常的綿密。感受到的甜味與酸味相等，入口滑順，纖細卻又令人感受其美味的餘韻良久。

屬性相合的料理

◉燉煮芋頭湯（鄉土料理）　◉迴流鰹魚生魚片

- ◆ 使用米：山田錦
- ◆ 精米程度：40%
- ◆ 使用酵母：山形酵母
- ◆ 釀製水：吾妻山系伏流水（井戶水）
- ◆ 酒精濃度：16度～未達17度
- ◆ 日本酒度：0　◆ 酸度：1.2
- ■ 價格：日幣4,200元（含稅）／720ml　◆ 胺基酸：1.0

司牡丹酒造株式會社（高知）

船中八策

土佐的無甜平實風味代表

釀　製　者　的　想　望

司牡丹的傳統釀造用水，酒麴用米的選擇與酒麴的製作方式，加上根據高知縣氣候風土而成的傳統發酵方式，所釀造出的辛辣而清爽的味道。源自於坂本龍馬在船中所思得關於明治新政府定位的方策，為一飄蕩著浪漫氣息的酒。

品酒師筆記　醇

香味　不具奢華，卻有宛如稻米美味逐漸滲透而出的強烈印象。

味道　實在而鮮烈的口感，爽口的辛辣後勁，這正是美味骨幹，既確實又具活力蓬勃之處。這般味道直教人想大讚，百飲不厭。

屬性相合的料理

◉鰹魚生魚片　◉乾炸海鱔

◆ 使用米：山田錦、北錦、松山三井、天高
◆ 精米程度：60%
◆ 使用酵母：KA-1
◆ 釀製水：仁淀川水系之湧水（軟水）
◆ 酒精濃度：15度～未達16度
◆ 日本酒度：＋8
◆ 酸度：1.4
◆ 胺基酸：1.2
■ 價格：日幣1,460元（含稅）／720ml

小西酒造株式會社（兵庫）

祖父、父親所喜愛的懷念口味

上撰白雪　純米酒經典白雪

昭和之酒

釀　製　者　的　想　望

香氣與口味的均衡，是飄盪著令人聯想起大正時期出生的父親們所愛喝之酒的往日情懷。頗為濃醇的味道，是使人想推薦給「真品取向的日本酒通」的一品。

品 酒 師 筆 記　醇

香味　混合了稻穗、稻草等乾穀物的香，以及能使人聯想到鬆軟白乳酪、奶油起司般的香味。

味道　此款酒品屬於輕快香味。強烈刺激的苦味及稍微明顯的酸味，調和出恰到好處的口味。

屬性相合的料理

◉酒糟湯　◉蒲燒鰻魚

◆ 使用米：非公開
◆ 精米程度：70%
◆ 使用酵母：自社酵母
◆ 釀製水：六甲長尾山系伏流水
◆ 酒精濃度：15度～16度
◆ 日本酒度：＋3　◆ 酸度：1.6
■ 價格：日幣985元（稅別）／720ml　◆ 胺基酸：1.6

永井酒造株式會社（群馬）

辣口的發泡日本酒

MIZUBASHO PURE

釀　製　者　的　想　望

沒有香檳般的強烈酸味與甜味，卻具備了適合多樣料理的柔潤口感。請用香檳酒杯來體驗優雅的氣泡與口味。

品 酒 師 筆 記　爽

香味　上選米麩、蒸栗般香氣，千歲飴風味的甘甜香氣，再加上類似蘋果酸的香氣，予人熱鬧繽紛的感覺。

味道　與咻哇咻哇地擴散開來的細緻汽泡一同，酸甜感及統合整體的苦味也一併展開。實為歡樂的味道。

屬性相合的料理

◉尾瀨豆腐　◉曝曬一夜的乾香魚

◆ 使用米：兵庫縣三木市三木別所產山田錦
◆ 精米程度：非公開
◆ 使用酵母：群馬KAZE-協會1001號
◆ 釀製水：軟水
◆ 酒精濃度：13度
◆ 日本酒度：＋10　◆ 酸度：1.7
■ 價格：日幣4,725元（含稅）／720ml　◆ 胺基酸：1.4

株式會社今西清兵衛商店（奈良）

在海外也超人氣的平實風味

春鹿 純米酒 超辛口

釀製者的想望

以美國為首，深受十數個國家熱愛品嚐之春鹿的代表品牌。由傳統技術誕生的終極辣味酒。絕佳調和的濃郁味道和後勁，與料理的屬性也格外出眾。

品酒師筆記 爽

香味 和原料的米香並存，帶有清涼的酒精香，讓人預期入口時的乾燥刺激感。

味道 以酸味及苦味為主體的無果香平實風味。只要是喜歡辣味口感的人，都將臣服於它的味道。真想讓它和輕強度的葡萄酒進行一場餐中酒的對決。

屬性相合的料理

◉碳烤日式肉雞 ◉鹽燒香魚

◆ 使用米：五百萬石
◆ 精米程度：58%
◆ 使用酵母：協會901號
◆ 釀製水：布目川水系（中軟水）
◆ 酒精濃度：15.0度～15.9度
◆ 日本酒度：＋12 ◆ 酸度：1.6
■ 價格：日幣2,730元（含稅）／1.8L ◆ 胺基酸：1.5

白瀧酒造株式會社（新潟）

清爽滑順，如水一般的酒

上善如水 純米吟釀

釀製者的想望

具後勁的輕快味道及如果實般的華麗香氣，加上只有純米才有的滑潤餘韻。就算是首次飲用日本酒的人，也能像是感覺親近清澈之水一般。

品酒師筆記 薰

香味 蘋果、蜜桃的香氣和上等的米香巧妙融合。其香味的比例關係大約是華麗7成，飽滿3成。

味道 雖然是典型的輕快滑順味道，但卻讓我充分理解含香中蘊藏擴展開的圓潤果實香，誠如上善如水在此之感。

屬性相合的料理

◉酒蒸鯛魚 ◉生牡蠣加檸檬

◆ 使用米：五百萬石及其他
◆ 精米程度：60%
◆ 使用酵母：K-1801
◆ 釀製水：谷川連峰伏流水
◆ 酒精濃度：14度～15度
◆ 日本酒度：＋5 ◆ 酸度：1.3
■ 價格：日幣1,370元（含稅）／720ml ◆ 胺基酸：1.5

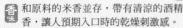

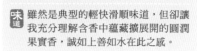

長龍酒造株式會社（奈良）

享受清新杉木香的日本酒

吉野杉之樽酒

釀　製　者　的　想　望

只使用被譽為最高級之酒樽材料－吉野杉之甲付材－所製作的木桶貯藏。對長年培育的木樽添加技術及木桶材料之講究由此衍生出來，有清新香氣及獨特香味。

品酒師筆記　爽

香味　可知是杉木桶香一般的簡約香味結構。散發出爽快乾脆感。

味道　味道屬淡麗調性。殘留來自杉木桶的苦味及澀味之處頗有樽酒風味。

屬性相合的料理

◉鹽燒日式地雞　◉蒲燒鰻魚

◆ 使用米：一般米
◆ 精米程度：70%
◆ 使用酵母：主要使用協會901號
◆ 釀製水：非公開
◆ 酒精濃度：15度左右
◆ 日本酒度：0　◆ 酸度：1.2
■ 價格：日幣2,289元（含稅）／1.8L　◆ 胺基酸：1.2

男山株式會社（北海道）

均勻重現纖細感的大吟釀酒

男山　純米大吟釀

釀　製　者　的　想　望

來自發源大雪山連峰萬年雪的伏流水，與歷經時間處理的兵庫縣酒造好適米「山田錦」，並將重點置於香氣的平衡釀造而成的手工純米大吟釀酒。

品酒師筆記　爽

香味　水仙或柚子般的華美香氣上，再與上選米麩香氣緊密融合，低調而又平衡。

味道　口感順暢、口味輕快、刺激的滑順與餘韻的爽口為其特徵。

屬性相合的料理

◉生牡丹蝦　◉奶油炒干貝

◆ 使用米：山田錦
◆ 精米程度：38%
◆ 使用酵母：協會901號
◆ 釀製水：中硬水
◆ 酒精濃度：16度
◆ 日本酒度：+5　◆ 酸度：1.3
■ 價格：日幣5,069元（含稅）／720ml　◆ 胺基酸：0.8

株式會社　田酒造店（富山）

能夠毫無顧慮品飲的質樸美味

滿壽泉 白標

釀　製　者　的　想　望

以當地人為取向而釀製，物美價廉而常飲不厭的美酒。雖為普通酒卻不見拙於特定名稱酒，在投資報酬率上表現優異。下班後來一杯的絕妙首選！

品酒師筆記　爽

香味　飄有淡淡如鬆餅、長崎蛋糕般甘甜的香氣，但構成卻極為單純。

味道　輕快而滑順，全無異樣的味道。沒有突出的要素，相當平易親近。

屬性相合的料理

◉昆布料理　◉悶熟沙丁魚

- ◆ 使用米：非公開
- ◆ 精米程度：非公開
- ◆ 使用酵母：非公開
- ◆ 釀製水：非公開
- ◆ 酒精濃度：15度～16度
- ◆ 日本酒度：＋5　◆ 酸度：1.5
- ■ 價格：日幣1,680元（含稅）／1.8L　◆ 胺基酸：非公開

福源酒造株式會社（長野）

香味及清涼感並存的舒適感

福源 藏出無濾過原酒 純米酒 生

釀　製　者　的　想　望

使用傳承而來的技術，仔細地手工釀製，放置於酒藏中，使之充分成熟。濃醇而能感受到厚實深度的純米酒。滑順口感與後勁爽口為其特色。

品酒師筆記　醇

香味　散發出如牛奶蛋糊、棉花糖般的甜香，以及來自米麴豐富飽滿的香味。

味道　雖然有厚實口感，卻感覺不到來自原味的清涼酸味、苦味以及出色的香味。

屬性相合的料理

◉燒烤　◉鯉魚料理

- ◆ 使用米：人心地（另稱為新美山錦）
- ◆ 精米程度：59%
- ◆ 使用酵母：非公開
- ◆ 釀製水：北阿爾卑斯伏流水
- ◆ 酒精濃度：16度
- ◆ 日本酒度：＋4　◆ 酸度：1.7
- ■ 價格：日幣1,418元（含稅）／720ml　◆ 胺基酸：非公開

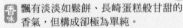

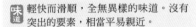

久須美酒造株式會社（新潟）

專為女性客群提供的舒暢感及高級感

清泉 七代目

純米吟釀生貯藏

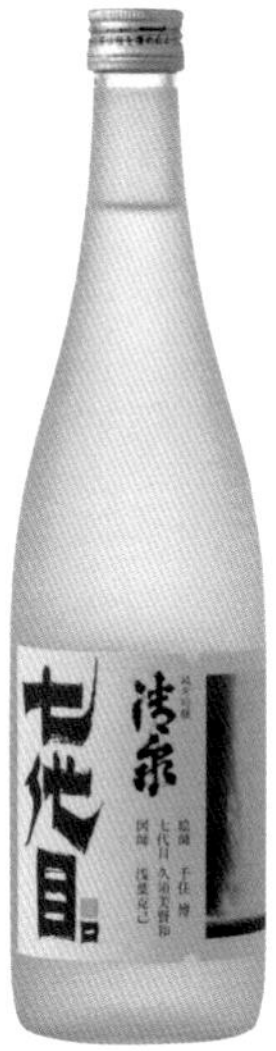

釀　製　者　的　想　望

酒藏第七代的專任董事由年輕職人擔任，以「綻放於原野鮮花般的美酒」為目標，以稱為麴蓋的傳統手法釀製而成的純米吟釀酒。外標籤是由美術總監淺葉克己親自擔綱設計。

品酒師筆記　爽

香味 類似成熟蜜桃或蓮花蜂蜜般高級具深度的甜香。在那之上再添加根菜類的礦物質感及清爽感。

味道 口感溫和。以酸味為中心，甜味及香味的要素少。是在味道及香氣中取得平衡的酒。

屬性相合的料理

◉鹽燒黑喉魚　◉各種火鍋料理

- ◆ 使用米：山田錦
- ◆ 精米程度：55%（全量自家精米）
- ◆ 使用酵母：非公開
- ◆ 釀製水：自家湧水（指定新潟縣名水）
- ◆ 酒精濃度：14度～15度
- ◆ 日本酒度：非公開　◆ 酸度：非公開
- ■ 價格：日幣1,500元（含稅）／720ml　◆ 胺基酸：非公開

桃川株式會社（青森）

率直口味輕強度類型的純米酒

桃川

純米酒

釀　製　者　的　想　望

將青森縣產「青系89號（玄米）」以原料65%精米程度，仔細釀造而成的純米酒。其味道為活絡了稻米美味，圓潤而濃醇的完成品。

品酒師筆記　爽

香味 以類似上新粉、道明寺粉等淡淡的原料香為主體。

味道 以純米酒而言屬於非常輕快的調性。率直的香味是其特徵。餘味散發出鮮明的酸味及苦味，隨後可感覺到口中的乾燥結束。

屬性相合的料理

◉仙貝湯　◉烤帆立貝／烤干貝

- ◆ 使用米：青系89號（玄米）
- ◆ 精米程度：65%
- ◆ 使用酵母：協會701號（縣酵母）
- ◆ 釀製水：奧入瀨川水系（弱軟水）
- ◆ 酒精濃度：15度～未達16度
- ◆ 日本酒度：＋2　◆ 酸度：1.4
- ■ 價格：日幣985元（稅別）／720ml　◆ 胺基酸：1.6

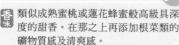

森民酒造本家（宮城）

散發柔順果實香氣的舒適感

森乃菊川 藏之華 純米吟釀

品酒師筆記

薰

香味　有著類似20世紀梨、蘋果、荔枝等華麗的果實香，以及如炊好的鬆軟米飯香。

味道　柔軟口感令人印象深刻，散發出保守的甜味及酸味。即使是後香，依然能充分感覺到甜蜜果實香。

釀製者的想望

森民酒造本家為仙台舊市街中唯一現存的地方酒酒藏。堅持使用自古傳承的製法與當地原料，100%純仙台產方式釀製而成的就是此處之酒。原料酒米為使用宮城縣的酒造好適米「藏之華」。

屬性相合的料理

◉海鞘的天婦羅　◉鯨魚的生魚片

◆使用米：仙台產藏之華100%
◆精米程度：50%
◆使用酵母：宮城酵母B
◆釀製水：廣瀨川伏流水
◆酒精濃度：15.5度
◆日本酒度：＋2
◆酸度：1.5
◆胺基酸：1.0
■價格：日幣1,800元（稅別）／720ml

石岡酒造株式會社（茨城）

溫和易入口的純米大吟釀

純米大吟釀 筑波 豐穰之峰

釀製者的想望

以能誘發出纖細的日本料理美味，與不輸給鍋類料理或燉煮料理的餐中酒為目標，貯藏熟成達三年之久。擁有強勁力道兼具飽滿口味為其特徵。

品酒師筆記 爽

香味 以使人想到梨、柿子、無花果等日本果實的水潤甜香為主體。不豔麗花俏，反而呈現出相當穩重的香味。

味道 很清楚強烈地感受到攻擊性般的甜味，但卻是極細膩充實的口感。酸味及苦味少，屬於相當溫和的類型。

屬性相合的料理

◉鮟鱇魚火鍋 ◉鹽燒秋刀魚

◆ 使用米：山田錦
◆ 精米程度：35%
◆ 使用酵母：協會9號系
◆ 釀製水：筑波山脈伏流水（弱硬水）
◆ 酒精濃度：15度
◆ 日本酒度：＋1 ◆ 酸度：1.4
■ 價格：日幣3,066元（含稅）／720ml ◆ 胺基酸：1.4

有限公司西岡酒造店（高知）

雖呈現悠閒感卻屬於正統派的純米酒

純米酒 久禮

釀製者的想望

能輕鬆品嚐到純米酒美味的美酒。投資報酬率高，最適合喜好優先品飲日本酒的人！打算輕快品嚐之際，推薦使用冷酒；而消除疲勞的晚酌，則建議用溫酒。

品酒師筆記 爽

香味 以由米而來如棉花糖般的甜香為主體。也帶有香草、菜類的礦物質感，還能令人感到涼爽感。

味道 滑溜口感中帶著漂亮酸味及後勁佳的苦味是其特徵。具有堅實的酒身。

屬性相合的料理

◉海鰻生魚片 ◉鰹於生魚片

◆ 使用米：松山三井
◆ 精米程度：60%
◆ 使用酵母：自家酵母
◆ 釀製水：四萬十川伏流水（軟水）
◆ 酒精濃度：16度
◆ 日本酒度：＋5 ◆ 酸度：1.7
■ 價格：日幣2,100元（稅別）／1.8L ◆ 胺基酸：1.3

株式會社吉村秀雄商店（和歌山）

具抑揚頓挫般喝不厭的酒質

車坂 純米吟釀

和歌山山田錦

釀製者的想望

所謂的車坂是指小栗判官前往熊野之際經過的坡道。以「攀登上坡的強勁力道，奔馳下坡的爽快後勁」為發想，釀造出無須裝模作樣能輕鬆暢飲的美酒。

品酒師筆記　爽

香味 以玄米、薄酥餅、泡芙皮等乾穀物培煎過的芳香為主體。

味道 生氣蓬勃的甜味及酸味突擊式地展現出來，是具有抑揚頓挫的味道。雖然調性輕快，但香味的餘韻卻很長。

屬性相合的料理

◉熟成壽司　◉金山寺味噌

- ◆ 使用米：和歌山縣產山田錦
- ◆ 精米程度：58%
- ◆ 使用酵母：和歌山酵母
- ◆ 釀製水：弱硬水
- ◆ 酒精濃度：16.5度
- ◆ 日本酒度：0　◆ 酸度：1.5
- ■ 價格：日幣1,400元（含稅）／720ml　◆ 胺基酸：1.7

月山酒造株式會社（山形）

以溫酒飽滿質樸的米風味

銀嶺月山 純米

釀製者的想望

由當地杜氏、藏人在極寒的冰雪酒藏專注釀造而成的純米酒。堅持山形的「自古傳承」，並仔細地以低溫純粹發酵而成。山形米的美味之處為其舒適而自然的味道。

品酒師筆記　醇

香味 不會過於厚重，也不至於太輕薄，散發出恰到好處的原始米香。有股平穩放鬆的香味。

味道 香味及酸味使人感到飽滿的濃郁感。但是餘味卻十分清爽，後勁也極佳，讓人有種想做成溫酒品飲的感覺。

屬性相合的料理

◉山形的煮芋泥　◉山菜的天婦羅

- ◆ 使用米：山形縣產米
- ◆ 精米程度：70%
- ◆ 使用酵母：山形酵母
- ◆ 釀製水：月山之自然水（日本名水百選）
- ◆ 酒精濃度：15度～16度
- ◆ 日本酒度：0　◆ 酸度：1.5
- ■ 價格：日幣1,260元（含稅）／720ml　◆ 胺基酸：1.4

橫田酒造株式會社（埼玉）

具威嚴及鮮明的清涼香氣

日本橋 大吟釀

釀製者的想望

南部杜氏高橋清明氏以45年的經驗及技術，把100%嚴選的山田錦用秩父荒川的伏流水釀製，以「歷史及風土釀造出純手工的酒」為座右銘釀造。

品酒師筆記 爽

香味 香味簡約，以西洋菜、鴨兒芹、檸檬香茅等菜類、香草類的香味為主體。

味道 味道以酸味及苦味為主體之無甜的平實風味。含香雖然保守，卻有鮮嫩清爽之感。

屬性相合的料理

◉懷石料理 ◉鯉魚料理

◆ 使用米：兵庫縣產山田錦100%
◆ 精米程度：40%
◆ 使用酵母：埼玉C
◆ 釀製水：荒川（秩父）之伏流水
◆ 酒精濃度：17.5度
◆ 日本酒度：＋5 ◆ 酸度：1.3
■ 價格：日幣2,520元（含稅）／720ml ◆ 胺基酸：0.6

澤之鶴株式會社（兵庫）

就是這個！灘之日本酒

澤之鶴

兵庫縣播州產山田錦生貯藏酒

釀製者的想望

使用100%兵庫縣播州產山田錦，以及享負盛名之名水「灘之宮水」，利用灘傳統的生酛釀製法沉著緩慢地釀造。是十分講究兵庫縣原料及技法的特別純米酒。

品酒師筆記 爽

香味 雖然沒有豔麗的香味，卻有使人想到高品質原料米的濃厚香味。宛如蒸米、道明寺粉、白米麩等香味。

味道 嘶－一股美好的衝擊感，苦味及酸味完全成為一體，形成沒有稜角的酒身。

屬性相合的料理

◉熬煮玉筋魚串 ◉燒烤星鰻

◆ 使用米：兵庫縣播州產山田錦100%
◆ 精米程度：70%
◆ 使用酵母：藏附酵母
◆ 釀製水：灘之宮水
◆ 酒精濃度：14.5度
◆ 日本酒度：＋2.5 ◆ 酸度：1.8
■ 價格：日幣902元（稅別）／720ml ◆ 胺基酸：1.7

千德酒造株式會社（宮城）

舒暢的酸味適合當餐中酒

純米酒 日向櫻

釀　製　者　的　想　望

使用以契約方式栽種於眾神故鄉高千穗的山田錦，將其酒米的美味一滴一滴地封存而製的純米酒。沉穩的香氣與清爽的味道，讓酒與料理雙方更具美味。

品酒師筆記　爽

香味 其特徵在於有如栗子薄皮、薄酥餅、日本紙一般穩重且帶有少許煎培過的芳香。

味道 以酸味為主體的無甜平實風味。甜味是在最後輕輕飄浮的感覺。後勁佳，且餘韻非常短。

屬性相合的料理

◉魚料理　◉雞料理

- ◆ 使用米：高千穗產山田錦100%
- ◆ 精米程度：60%
- ◆ 使用酵母：自家培養酵母
- ◆ 釀製水：五之瀨川伏流水
- ◆ 酒精濃度：15度
- ◆ 日本酒度：+2　◆ 酸度：1.5
- ■ 價格：日幣2,300元（含稅）／1.8L　◆ 胺基酸：1.1

株式會社佐浦（宮城）

感到華美溫和的口感

純米吟釀 浦霞禪

釀　製　者　的　想　望

適中香氣與柔軟味道，淡雅中亦能感受到芳醇的純米吟釀酒。使用原料米與自家培養酵母經由低溫長期發酵專致釀造而成。

品酒師筆記　爽

香味 香氣的調性稍具內斂而清新。桃子般水果的甘甜香氣與白米麩般的原料香氣，兩者悄然而起。

味道 口感毫無不快而味道溫順。酸味或苦味並不突出，高尚一語正恰如其分。

屬性相合的料理

◉白身魚的生魚片　◉海鮮火鍋

- ◆ 使用米：山田錦、豐錦（奧羽269號）
- ◆ 精米程度：50%
- ◆ 使用酵母：自家培養酵母
- ◆ 釀製水：中硬水
- ◆ 酒精濃度：15度～16度
- ◆ 日本酒度：+1～+2　◆ 酸度：1.3
- ■ 價格：日幣2,268元（含稅）／720ml　◆ 胺基酸：1.2

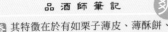

株式會社西山酒造場（兵庫）

適合濃郁秋意的圓潤感
小鼓 生詰吟釀

釀　製　者　的　想　望

丹波地方的杜氏以手工釀製，圓潤而豐富的味道與優美香氣相互調和的生詰吟釀酒。將在早春加熱殺菌的新酒於夏季間貯藏進行熟成，更添其圓潤。

品酒師筆記　薰

香味　蓮花蜜、油桃般的濃郁華美香氣，與初蒸好新米般的鬆軟香氣並存。

味道　由滑順而柔軟的口感。微微的甜味與芳醇、沉穩而不突出的苦味開展而成。經由一個夏季熟成的圓潤令人有高度好感。

屬性相合的料理

◉綜合生魚海鮮片　◉烤魚

◆ 使用米：山田錦20%、五百萬石80%
◆ 精米程度：55%
◆ 使用酵母：小川10號
◆ 釀製水：藏內井戶水
◆ 酒精濃度：16度～17度
◆ 日本酒度：＋5
■ 價格：日幣2,100元（含稅）／720ml
◆ 酸度：1
◆ 胺基酸：1

株式會社豐島屋（長野）

輕柔溫和的口味
豐香 純米原酒生一瓶

釀　製　者　的　想　望

在優美的長野縣諏訪之地，以30歲前後的杜氏、藏人為中心，並堅持全面使用長野縣產酒米釀製而成的當地美酒。能品嚐到具擴展感的豐富香氣，以及稻米的深奧味道與爽口後勁。

品酒師筆記　爽

香味　櫻桃、白桃等少酸味果實的香味與鴨兒芹、西洋菜般的礦物質香混合的香氣。

味道　刺激中雖能明確感受到甜味卻不持久。而此甜味使得口感變得非常滑順。

屬性相合的料理

◉野澤菜　◉乾炸公魚

◆ 使用米：麴米：長野縣產米白樺錦　掛米：長野縣產米米代
◆ 精米程度：麴米：65%　掛米：70%
◆ 使用酵母：非公開
◆ 釀製水：非公開
◆ 酒精濃度：17度
◆ 日本酒度：＋4
■ 價格：日幣2,100元（含稅）／1.8L
◆ 酸度：1.4
◆ 胺基酸：1.4

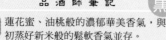

酒長酒造株式會社（奈良）

容易親近的溫和感

風之森

露葉風純米酒 搾華 無濾過無加水

釀製者的想望

使用只在奈良縣栽種的酒造好適米「露葉風」而成的釀製酒。留心於吸水較快的米種所常見醪的過度溶解，並以長期超低溫發酵誘發出其特性的最大限度。米・米麴的美味與酸味達成絕妙均衡的無過濾生原酒。

品酒師筆記

爽

香味 香氣的調性雖未如此高級，但卻能感受到初搗好麻糬般的蓬鬆原料香與棉花糖風味的甘甜香味。

味道 在柔軟的酸味上輕柔地擴散開的芳醇為其特徵。存於餘味中的苦味更帶來爽口後勁。

屬性相合的料理

- 柿子的葉的青花魚壽司
- 鹽燒日式地雞

◆ 使用米：奈良縣產露葉風
◆ 精米程度：70%
◆ 使用酵母：7號系
◆ 釀製水：金剛葛城山脈深層地下湧水
◆ 酒精濃度：17度
◆ 日本酒度：0
◆ 酸度：2.0
◆ 胺基酸：1.2
■ 價格：日幣1,260元（含稅）／720ml

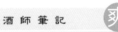

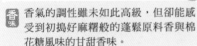

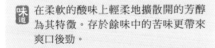

有限公司丸尾本店（香川）

高評價的甜味日本酒

悅凱陣 手工製造純米酒

釀製者的想望

使用當地香川縣產的酒造米「大瀨戶」，使用純手工少量製作而成的純米釀製酒。取得的酒液以瓶裝方式進行加熱殺菌後，才貯藏於冰箱中。

品酒師筆記 醇

香味 擁有卡士達奶油風味的甘甜香味與蕨餅、櫻餅的香味。相較於穀物風味，甘甜風味更為顯著。

味道 主體為飽滿的甜味與酸味。帶有衝擊具個性的刺激。在悅凱陣系列中屬於甜味偏少的一方。

屬性相合的料理

◉醬油豆 ◉根菜類料理

◆ 使用米：大瀨戶
◆ 精米程度：55%
◆ 使用酵母：熊本9號
◆ 釀製水：井戶水
◆ 酒精濃度：15.5度
◆ 日本酒度：+6 ◆ 酸度：1.5
■ 價格：日幣2,625元（含稅）／1.8L ◆ 胺基酸：1.2

合名公司栗林酒造店（秋田）

為秋田鍋而存在的日本酒

春霞 純米吟釀 藍標

釀製者的想望

以「餐中酒」「有味道的酒」為座右銘慎重地釀造酒品。正因為原料米「美鄉錦」產量少，是酒藏傾注全力釀造的產品之一。

品酒師筆記 醇

香味 烘烤稻米般的芳香味，加上芹菜般帶有苦味的礦物質香，如秋田鍋一般。

味道 苦味為主體的濃醇型。口感豐厚實在。令人想搭配風味強烈濃郁的料理。

屬性相合的料理

◉雷魚壽司 ◉醋醃青花魚

◆ 使用米：美山錦、美鄉錦
◆ 精米程度：55%
◆ 使用酵母：KA-1
◆ 釀製水：地下水
◆ 酒精濃度：16度～17度
◆ 日本酒度：+1.5 ◆ 酸度：1.8
■ 價格：日幣2,600元（稅別）／1.8L ◆ 胺基酸：1.1

株式會社中勇酒造店（宮城）

雖然酒味濃郁卻有輕快口感

天上夢幻

辛口 特別純米酒

釀 製 者 的 想 望

位於流經仙台平野的鳴瀨川上游之該酒藏為僅使用500石的手工製吟釀酒藏。由南部杜氏釀造的酒，是在淡麗辣口風味中，還隱約帶有些許香氣，是濃醇與有著爽口後勁的酒。

品酒師筆記 醇

香味 以稻穗、稻草、玄米等穀物類香氣為中心。香味要素並沒有很多。

味道 圓潤厚實的口感。散發出米本身的豐富香味。在醇酒當中屬於輕快調性。而且餘味的後勁極佳。

屬性相合的料理

◉鮭魚骨頭湯 ◉棒長醃茄子

◆ 使用米：宮城大崎產豐錦
◆ 精米程度：60%
◆ 使用酵母：宮城米酵母
◆ 釀製水：奧羽山系湧水
◆ 酒精濃度：15.3度
◆ 日本酒度：＋7 ◆ 酸度：1.6
■ 價格：日幣1,300元（含稅）／720ml ◆ 胺基酸：1.6

神杉酒造株式會社（愛知）

原料色澤鮮活的香味

特別純米現搾

無濾過

釀 製 者 的 想 望

以吟釀釀製中的低溫發酵提取出稻米的美味。為保有剛取得的鮮度，自酒槽容器取出後便以手工進行裝瓶，保留了果漾香氣與些許的碳酸氣體。

品酒師筆記 醇

香味 在輕微果香中添加米麴、玄米般強勁力道的香味。

味道 剛剛好的酸味及香味，口中餘味會慢慢消失的類型，也帶有使人想到蓬勃朝氣的要素。

屬性相合的料理

◉魚料理 ◉海鮮類生魚片或鹽燒

◆ 使用米：若水
◆ 精米程度：60%
◆ 使用酵母：KTN-2
◆ 釀製水：自社井水
◆ 酒精濃度：17.5度
◆ 日本酒度：＋3 ◆ 酸度：1.7
■ 價格：日幣1,575元（含稅）／720ml ◆ 胺基酸：1.2

太冠酒造株式會社（山梨）

容易入口、適合萬人的多方面類型
太冠 特別純米酒

釀　製　者　的　想　望

把南阿爾卑斯的伏流水及嚴選的米用手工製法釀製出具深度的味道，具有煎培的芳香，是口感滑潤的酒。

品酒師筆記　爽

香味 以上新粉、道明寺粉等清淡原料香為主體。在此香味上再添加櫻餅、厥餅般能感覺甜味的香味。

味道 在特別純米酒的標準當中，屬於調性相當輕快的味道。口感柔和屬於任何人都能接受的口味。

屬性相合的料理

◉甘露煮香魚　◉煮鮑魚貝

- ◆ 使用米：五百萬石
- ◆ 精米程度：60%
- ◆ 使用酵母：9號系
- ◆ 釀製水：南阿爾卑斯山脈水
- ◆ 酒精濃度：16.3度
- ◆ 日本酒度：+5　◆ 酸度：1.5
- ■ 價格：日幣1,300元（稅別）／720ml　◆ 胺基酸：1.5

有限公司舩坂酒造店（岐阜）

所有要素都恰到好處的酒
深山菊 上撰

釀　製　者　的　想　望

是淡麗調性、風味濃郁、甜辣度中等且喝不膩的酒。雖然以冷酒方式品飲該酒十分好喝，但若做成溫酒飲用，其風味將更為出色。適合搭配各種料理。

品酒師筆記　爽

香味 以類似小豆苗菜、大頭菜等礦物質香，及乾燥藥草般的清淡香為主體。

味道 不會太輕淡、不會太厚重、不會太甜、不會太辣，確實是中間強度的類型。是能夠長時間持續飲用的味道。

屬性相合的料理

◉飛驒牛涮涮鍋　◉鹽燒沙丁魚

- ◆ 使用米：秋田小町
- ◆ 精米程度：70%
- ◆ 使用酵母：非公開
- ◆ 釀製水：非公開
- ◆ 酒精濃度：15.6度
- ◆ 日本酒度：0　◆ 酸度：1.5
- ■ 價格：日幣1,000元（含稅）／500ml　◆ 胺基酸：1.6

潛龍酒造株式會社（長崎）

辣椒香變化為音調

本陣 純米吟釀

釀製者的想望

使用當地契約栽培的山田錦做成50%精米，由當地小值賀杜氏竭盡精力釀造而成。用低溫緩慢地發酵，使用舊有的「槽搾法」壓搾

品酒師筆記 爽

香味 微微感覺到玄米、稻穗香、以及宛如白胡椒的嗆鼻香。在此香味上再添加類似黑糖的甜香。

味道 以甜酸為中心，之後米香才慢慢散發出來。後香也相當具刺激感。

屬性相合的料理

◉竹莢魚生魚片 ◉鹽燒蝦

◆ 使用米：山田錦（當地江迎町產100%）
◆ 精米程度：50%
◆ 使用酵母：熊本酵母（KA-4）
◆ 釀製水：地區內湧水
◆ 酒精濃度：15度
◆ 日本酒度：0 ◆ 酸度：1.6
■ 價格：日幣1,732元（含稅）／720ml ◆ 胺基酸：1.2

初龜釀造株式會社（靜岡）

可忘卻時間享受樂趣的晚酌酒

初龜 急冷美酒

釀製者的想望

思考「更高品質地釀造出能於平日輕鬆品飲的酒」而誕生的普通酒。原料米使用山田錦，麴使用手工製箱麴培育，以少量釀製法細心釀造。

品酒師筆記 爽

香味 香味調性較低。雖然以感覺到米的香味為主體，但也加入了青竹、新芽等清新香味。

味道 順暢口味的典型淡麗類型。餘韻也相當短促簡潔。口感柔和。

屬性相合的料理

◉煙燻櫻鮭 ◉自然芥末醬油醃蕃薯

◆ 使用米：兵庫縣產山田錦（未檢查米）
◆ 精米程度：麴米：63% 掛米：67%
◆ 使用酵母：901
◆ 釀製水：南阿爾卑斯伏流水
◆ 酒精濃度：15度
◆ 日本酒度：+5 ◆ 酸度：1.15
■ 價格：日幣1,753元（含稅）／1.8L ◆ 胺基酸：非公開

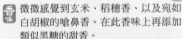

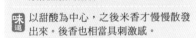

株式會社磯之澤（福岡）

有後勁的美味純米酒
駿 純米酒

釀製者的想望

原料米採用山田錦，釀製水使用名水「清水湧水」源頭之耳納山地的伏流水，釀造出有後勁的酒。原料處理時，對於蒸煮用的蒸氣下了不少工夫。

品酒師筆記　爽

香味：香味保守，飄散著淡淡的原料米香。米的香味非常高級，使人印象深刻。

味道：以無稜角的飽滿甜味及香味為主體，後半散發的苦味和乾燥的餘味融在一起。隱藏的酸味表現出極佳的協調性。

屬性相合的料理

◉炒雞肉（鄉土料理）　◉齊魚料理（鄉土料理）

◆ 使用米：山田錦
◆ 精米程度：60%
◆ 使用酵母：協會9號
◆ 釀製水：自社井戶水
◆ 酒精濃度：15度
◆ 日本酒度：＋3　◆ 酸度：1.6
■ 價格：日幣1,052元（含稅）／720ml　◆ 胺基酸：1.1

賀茂泉酒造株式會社（廣島）

被個性香深深吸引
朱泉本釀製 純米吟釀

釀製者的想望

之所以呈現出淡黃金色，是為了保留日本酒本來具有的香味，因此未進行碳過濾之故。是具備飽滿香味、濃郁感，以及清爽後勁的純米吟釀酒。

品酒師筆記　醇

香味：香味既複雜又有個性。宛如乾果、醬油、白扁柏、日式紙等。

味道：和香味不同的味道，是以酸味為中心的簡約風格，順暢安穩的味道。

屬性相合的料理

◉美酒鍋　◉湯豆腐（賀茂泉流）

◆ 使用米：廣島八反、中生新千本
◆ 精米程度：58%
◆ 使用酵母：9號系
◆ 釀製水：賀茂山脈龍王山伏流水
◆ 酒精濃度：16度
◆ 日本酒度：＋1　◆ 酸度：1.7
■ 價格：日幣1,657元（含稅）／720ml　◆ 胺基酸：非公開

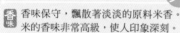

合名公司森本仙右衛門商店（三重）

男性風格強烈的大吟釀

黑松翁 大吟釀原酒「赤箱」

釀製者的想望

精米程度35%的淡淡芳香及纖細口感，具有40%寬幅的香味，以及45%濃郁的香味。調和了這三種山田錦的大吟釀，能得到出色的纖細感及強大力度。

品酒師筆記

爽

香味 與其說是甜膩華麗的香氣，反而更像是土當歸、野菜等根菜類的嫩香再加上優格般的牛奶香。

味道 清晰豐富的甜味，以及收斂餘味的明確酸味及苦味極具特色。酒精帶來的分量感也是重點之一。

屬性相合的料理

- 伊賀牛（牛五花肉）
- 伊賀豬香腸

- ◆ 使用米：伊賀山田錦
- ◆ 精米程度：45%
- ◆ 使用酵母：9號系
- ◆ 釀製水：鈴鹿山系伏流水（井戶水）軟水
- ◆ 酒精濃度：17.2度
- ◆ 日本酒度：＋4
- ◆ 酸度：1.2
- ◆ 胺基酸：1.2
- ■ 價格：日幣2,630元（含稅）／720ml

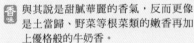

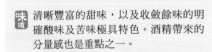

株式會社仙禽（櫪木）

歷經15年的上等熟成感
仙禽 大谷石洞窟貯藏酒

釀製者的想望

於櫪木縣宇都宮市大谷町一通稱大谷石洞窟一靜置15年的熟成酒。大谷石洞窟的年平均氣溫約8℃左右，是使日本酒熟成的絕佳環境。具備只有熟成酒才有的圓潤口感與甜味。

品酒師筆記 熟

香味 焦糖、乾果、調味品、乾香菇等，有著既複雜又有個性的香味。

味道 細柔綿密的飲用口感，甜、酸、苦、香全部融合，展現出具高雅風格的味道。

屬性相合的料理

◉生火腿片 ◉糖醋醬燒蝦

- ◆ 使用米：山田錦
- ◆ 精米程度：60%
- ◆ 使用酵母：協會9號
- ◆ 釀製水：鬼怒川伏流水
- ◆ 酒精濃度：15度
- ◆ 日本酒度：－2 ◆ 酸度：1.7
- ■ 價格：日幣1,200元（含稅）／300ml ◆ 胺基酸：1.6

株式會社有澤（高知）

後勁簡潔的土佐地方酒
文佳人 純米酒

釀製者的想望

把「到榨汁為止傾心盡力，榨汁之後便不再插手」視為座右銘徹底執行醪的管理，搾醪之後只進行一次加熱便放進冰溫冷凍庫保管，以釀造出喝不膩的美酒為目標。

品酒師筆記 爽

香味 宛如蓮花、杜鵑等花蜜般的甜香。在此香味上再添加上等原料米的香味。

味道 甜味及酸味攻擊式地展開，之後轉變為簡潔後勁的美好餘味。使人感覺如同是骨架中蘊含深奧學問的酒。

屬性相合的料理

◉鰹魚生魚片 ◉起司披薩

- ◆ 使用米：曙米（岡山縣產）
- ◆ 精米程度：55%
- ◆ 使用酵母：高知酵母、7號系
- ◆ 釀製水：物部川伏流水（軟水）
- ◆ 酒精濃度：17度～18度
- ◆ 日本酒度：＋5 ◆ 酸度：1.6
- ■ 價格：日幣1,260元（含稅）／720ml ◆ 胺基酸：1.2

七笑酒造株式會社（長野）

柔軟溫和的療傷效果
七笑 純米吟釀

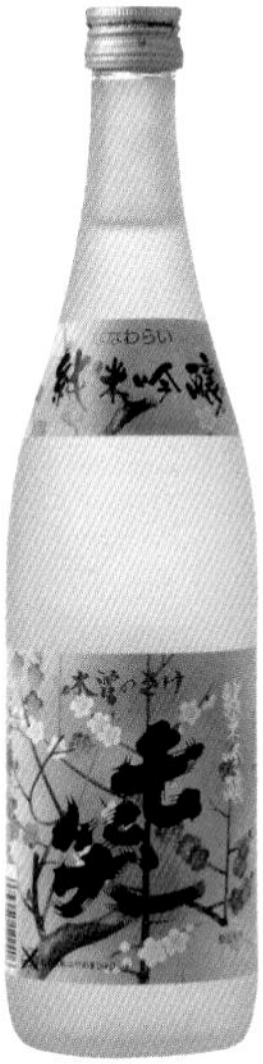

釀　製　者　的　想　望

注入心血到無法單純只靠甜辣左右之「香味口感」的釀酒，使用七笑獨自的技術，特別釀造出「美山錦」的香味及濃郁感，絕佳的平衡徹底滲入品飲之人的心。

品酒師筆記　爽

香味　散發出櫻餅、蕨餅的飽滿甜香，以及玄米、薄酥餅類的輕快穀物香。

味道　甜、酸、苦、香，各種味道以良好的關係互相引出搭配，呈現出溫和輕柔的味道。

屬性相合的料理

◉信州蕎麥麵　◉五平餅

- ◆ 使用米：美山錦
- ◆ 精米程度：55%
- ◆ 使用酵母：1001號
- ◆ 釀製水：木曾山系之伏流水（軟水）
- ◆ 酒精濃度：15度
- ◆ 日本酒度：＋2　◆ 酸度：1.4
- ■ 價格：日幣1,528元（含稅）／720ml　◆ 胺基酸：1.3

富田酒造有限公司（滋賀）

享受漫長細膩的美味餘韻
七本槍 純米 玉榮

釀　製　者　的　想　望

作為地方酒產地，對於使用當地的米・水釀造皆有所堅持。可引出酒米「玉榮」的香味，目標成為能當作餐中酒緩慢愉悅品飲的酒。

品酒師筆記　醇

香味　宛如剛製成的優格、馬自拉乳酪（mozzarella cheese）的牛奶香，再加上類似甘栗的飽滿香。

味道　不是厚重的感覺，而是滑潤溫和的味道。雖細膩但餘韻很長的香味是此酒特徵。

屬性相合的料理

◉甘露煮香魚　◉燉煮牛肉

- ◆ 使用米：玉榮
- ◆ 精米程度：60%
- ◆ 使用酵母：協會1401號
- ◆ 釀製水：藏內井戶水（中軟水）
- ◆ 酒精濃度：15.8度
- ◆ 日本酒度：＋4.5　◆ 酸度：2.0
- ■ 價格：日幣1,260元（含稅）／720ml　◆ 胺基酸：1.8

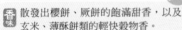

合併公司中島酒造店（石川）

放鬆心情的柔和口味

能登之生一瓶　純米傳兵衛

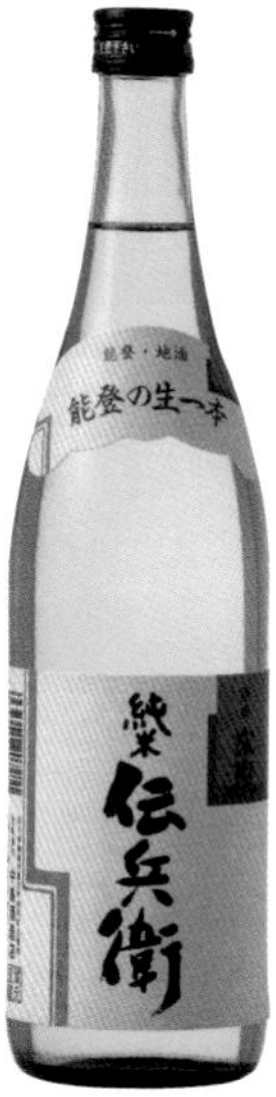

釀　製　者　的　想　望

把石川縣產五百萬石大方奢侈地研磨為大吟釀規格，並使用金澤酵母釀製成的純米酒。含在口中時，舒適的酸味和香味散發開來，有滑過喉嚨就消失的舒暢感。

品酒師筆記　醇

香味　如玄米般煎培過的原料香、類似棉花糖的甜香，以及調味香料香，全部融合在一起。

味道　有明顯的香味及濃郁感，呈現出溫和柔軟的感覺。酸味、苦味等刺激性成分較少，一直到最後仍是溫和的口感。

屬性相合的料理

◉鰤魚白蘿蔔　◉魚露料理（鄉土料理）

◆ 使用米：五百萬石
◆ 精米程度：50%
◆ 使用酵母：協會1401號（金澤酵母）
◆ 釀製水：自社持山之湧水（軟水）
◆ 酒精濃度：15度
◆ 日本酒度：+3　◆ 酸度：1.4
■ 價格：日幣1,575元（含稅）／720ml　◆ 胺基酸：1.2

和平酒造株式會社（和歌山）

後勁佳的酸味為主體的輕快個性

紀土　純米酒

釀　製　者　的　想　望

使用來自紀州山脈的良質地下水製作出溫和、後勁佳的酒質。釀製者想要表現出既強烈又帶有水潤美味如湧泉般的味道。

品酒師筆記　爽

香味　以乾燥穀物般的原料香為主體。米的香味非常高級。

味道　以純米酒而言屬於輕快調性。酸味為主體，具有密實的酒質。雖然輕快，卻是一體成形的類型。

屬性相合的料理

◉鯛魚或海鰻等白身魚　◉金山寺味噌

◆ 使用米：麴米：山田錦　掛米：一般米
◆ 精米程度：麴米：50%　掛米：60%
◆ 使用酵母：7號
◆ 釀製水：藏元井戶水（貴志川伏流水）
◆ 酒精濃度：15.5度
◆ 日本酒度：+3.0　◆ 酸度：1.5
■ 價格：日幣1,800元（稅別）／1.8L　◆ 胺基酸：1.4

株式會社武勇（茨城）

用杉木香的日式療癒
武勇 純米吟釀 樽生

釀製者的想望

因為舊有固定概念的想法—“難道輸給生啤酒是可以忍受的嗎？”因而製造了此酒。認為可以在炎熱的日本夏季，愉悅地享受清爽杉木香。

品酒師筆記 醇

香味 以杉木本身的涼爽香氣為主體，可在那深處感受到輕柔的甜米香。

味道 來自杉木桶的苦味及澀味產生堅實的酒身。到了後半，甜味、酸味、香味擴散開來，提供了飽滿的味道。

屬性相合的料理

◉水煮毛豆 ◉剛完成的豆腐

- ◆ 使用米：麴米：山田錦20%　掛米：五百萬石80%
- ◆ 精米程度：58%
- ◆ 使用酵母：武勇培養酵母
- ◆ 釀製水：鬼怒川水系（軟水）
- ◆ 酒精濃度：15.7度
- ◆ 日本酒度：+3　◆ 酸度：1.4
- ■ 價格：日幣3,360元（含稅）／1.8L　◆ 胺基酸：1.2

柴崎酒造株式會社（群馬）

礦物質感的清澈純米酒
船尾瀧 特別純米酒

釀製者的想望

全數採用55%精米程度的酒造好適米「五百萬石」，以群馬縣產酵母釀製，是香味、味道都平衡出色且令人喝不膩的酒。從常溫到溫酒，都十分美味。

品酒師筆記 爽

香味 在使人想到辣蘿蔔或冬瓜般苦味的礦物質感上，再融合類似剛炊熟的米那種飽滿香。

味道 雖然有飽滿感，卻以美味的酸味為特徵。酸中帶有甜味及香味。餘味裡呈現出殘留的礦物質感。

屬性相合的料理

◉生魚片蒟蒻 ◉用菜刀將生魚切割雕塑而製成的發酵食品（鄉土料理）

- ◆ 使用米：新潟縣產五百萬石
- ◆ 精米程度：55%
- ◆ 使用酵母：群馬KAZE酵母
- ◆ 釀製水：榛名山脈伏流水
- ◆ 酒精濃度：15.3度
- ◆ 日本酒度：+3　◆ 酸度：1.8
- ■ 價格：日幣1,025元（含稅）／720ml　◆ 胺基酸：1.5

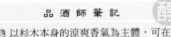

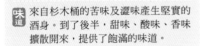

卷末

日本酒便利帖

日本酒用語集

荒走酒

木槽壓搾醪的時候，頭三分之一被搾出的酒液名稱。主要是對有進行槽搾手續的日本酒所使用。

渣滓

添加以除渣方式分離的殘渣部分後才出廠的日本酒。具有淡薄白皙又略帶渾濁的外觀，用於加強美味、濃郁等目的。

除渣

上槽後的日本酒會殘留叫作「渣滓」的微生物或細微固態物。不壓搾這個狀態的日本酒，而僅是靜靜放置的話，渣滓會沉澱在底部。透過這樣使它沉澱的方式分離渣滓，僅抽出上層清澈的部分便稱為「除渣（滓引き）」或「去渣（滓下げ）」。

外硬內軟

表示理想之蒸米狀態的語詞。製醪時不讓米立刻溶解的話，外側就會變硬；若能使麴菌深入稻米內側繁殖，內側便會柔軟。這樣的蒸米狀態最合宜。

寒造

指在冬季進行的釀酒活動。氣溫較低的時期是最適合釀酒的時期，加上冬季農民比較有空閒時間，容易保證釀酒時的勞動力。基於上述諸多理由，自江戶時代起便開始進行寒造活動。

品酒師

由日本酒服務研究會・酒匠研究會聯合會（ＳＳＩ）認定的資格。日本酒酒侍，需瞭解與日本酒有關的知識、服務方法等，以提供日本酒的相關服務。

貴釀酒

製醪的時候，使用一部分日本酒來代替釀製水製成的酒。通常是在三段釀

製法最後的「留添」階段，以日本酒代替水加進去。濃郁甘甜及琥珀色調是其特徵。

生酛

到明治時代為止，普遍用來製造酒母的手法。過去當精米技術還不成熟，米粒仍相當大粒的時候，為了要提升糖化速度，會使用名為玉櫂的攪拌棒（多為木棒或竹棍）搗碎蒸米，進行名為「山卸」的工作。而為了培養酵母，則會利用以乳酸菌為首的微生物淘汰作用。生酛釀製的日本酒，會產生獨特的風味。從生酛系酒母的製造工程中省略山卸作業而製成的酒母，則稱為「山廢酛」。

原酒

未進行加水調節就直接出廠的酒。整體來說酒精濃度較高。

麴

製酒過程中，在米上繁殖麴菌的完成品狀態。麴所形成的酵素最大的任務就是要糖化米中的澱粉。

麴米・掛米

使用於製造日本酒的蒸米當中，把用於製麴的米稱為麴米，其他的米稱為掛米。

麴室

為了製麴而使用的高溫潮濕的房間。

酵母

日本酒使用的酵母，是把糖分轉換為酒精和二氧化碳的微生物。

甑

為了洗米、提供蒸米水分，而設置在爐灶上產生蒸氣的舊有工具。蒸籠狀的大型蒸煮器具。

老酒

在製造業界以造酒年度來考量的情況，只要是前年度製造的日本酒就算是老酒。一般沒有明確的定義，大多是指3年、5年、10年熟成後的日本酒。

三倍增釀酒

考量到戰後米不足的背景而構思出來的日本酒釀造方法。在米和麴所製造的醪當中，添加稀釋過的釀造酒精，再為了補強變淡的味道而添加糖類、酸味料、谷氨酸蘇打等進行釀造。和只有使用米釀造的情況相比，完成品的酒量因增量至三倍，故稱為三倍增釀酒，也可簡稱為三增酒。現在已經幾乎看不到這種酒了。

釀製水

酒母或醪釀製時使用的釀酒用水。由於其水質會對酒質造成極大影響，酒藏多集中在名水周邊。

酒造好適米

適合釀造日本酒的米，稱作酒造好適米。其最大的特徵，是在米的中心部位有名為「心白」（即米白）的白色不透明部分。此外，由於比一般米的米粒大，具有即便降低精米程度米粒也不易碎裂的特徵。代表品種為兵庫縣原產之「山田錦」。

造酒年度

日本酒業界特有的年度基準。自7月1日迄翌年6月30日為一年度單位計算。標籤也有時會採用BY（Brewer Year）表示。

酒母

在容器內培養酵母的液體。也被稱為酛。為了保護酵母不受雜菌影響，故會在乳酸的酸性環境下培養酵母。

上槽

壓搾發酵結束的醪，是把日本酒和酒糟分離的作業。

釀造酒精

意指為了調整日本酒的香味而在醪發酵結束後添加的酒精。吟釀酒類型的日本酒，也有透過添加少量釀造酒精，來從醪引出吟釀香氣成分之目的。雖然大多數都是糖蜜或玉米提煉而成，但使用米當作原料的酒藏也逐漸增加中。

新酒

剛釀製完成的酒。或酒造年度內製造出廠的日本酒。

浸漬

使精米、洗米作業結束的米充分吸收水分的作業。由於米的含水量會影響蒸米的結果，使用碼錶以秒為單位確實執行。

製麴

使蒸米繁殖麴菌的製麴作業。

精米

身為日本酒原料的玄米，其外側部分含有大量維生素、蛋白質、及脂質。這些營養素會過度地促使微生物動作，導致日本酒香味平衡變差，或是成為引發雜味的原因。精米便是指削減這些不必要部分的作業。

精米程度

削減玄米後，殘餘白米部分的比例以百分比（%）表示，稱為精米程度。

全國新酒評鑑會

每年春天舉辦日本酒業界最大的品嚐鑑賞會。主辦單位是獨立行政法人酒類綜合研究所（前國立釀造試驗所）。

為提升日本酒的品質，邀請各地方酒藏以競爭釀酒品質當作目的，於

1911年舉辦第一屆全國新酒評鑑會。

洗米

精米作業後，把殘留在米表面上的米糠或米屑清洗掉的作業。經由搓揉米粒產生摩擦，同時具有精米效果，也被稱為「第二次的精米」。

速釀系酒母

為了保護酵母不被其他雜菌影響而添加釀造用乳酸所製造的酒母。現在普遍使用此方式釀造。

樽酒

利用杉木等木桶貯藏，讓木頭香氣移轉到酒液的日本酒。

分段釀製

日本酒製醪的特色。是把原料分成數次添加到醪裡的方式。三段釀製法為最普遍的作法，但也有四段釀製或五段釀製等方法存在。

低酒精酒

在原酒狀態酒精度約18%～20%，即使進行加水調整也還有15%～16%，屬於釀造酒當中最高酒精濃度類別的日本酒。現在因配合現代人飲酒樣式的變化，而開始釀造酒精濃度較低的日本酒。名為低酒精日本酒，其酒精濃度在10%以下的產品也開始問市了。

杜氏

在酒藏進行釀酒工作的人們稱作「藏人」。藏人的首長便是杜氏。杜氏們在各地區磨練獨自的技術，在日本全國各地構成具有個別獨特風格的杜氏集團。現在誇耀擁有最多人數的，是出自於岩手的南部杜氏。

特定名稱酒

有吟釀酒類型、純米酒類型、本釀造酒類型這3種樣式，根據使用原料的基準及製造方法，全部共可分類為8種。不符合特定名稱酒基準的日本酒，則全部分類為普通酒。

濁酒

以米、米麴、水當作原料使之發酵，且不進行過濾處理的酒。明治時代以前幾乎各家庭皆自行釀造，但後來以增加收入為目的而設立酒稅制度，禁止私家釀造濁酒。即使到了現在，若未經許可便私自釀造濁酒，就是違反酒稅法。

中取酒

使醪進行上槽處理，是荒走酒之後搾出的日本酒。主要是對有進行槽搾手續的日本酒使用。因其香味平衡而被視為是最好的部分。也被稱作中汲酒、中垂酒。

生酒

連一次加熱皆未進行便出廠的日本酒。

生貯藏酒

僅在裝瓶前進行一次加熱便出廠的日本酒。

生詰酒

僅在貯藏前進行一次加熱，之後未再加熱便直接出廠的日本酒。

渾濁酒

上槽時使用縫眼較大的布搾出酒液的日本酒。

破精

評價麴完成狀態的用語。根據菌類的繁殖狀況，米麴可分成2種。一種稱作「總破精型」的麴，是指菌類從米的表面深殖入內部狀態的麴。另一種名為「突破精型」的麴，是指菌類殖入成一塊一塊等分散狀態的麴。一般來說，若是計畫釀製出濃醇酒質的話，要使用總破精型；以釀造出吟釀酒類型或淡麗酒質為目標的話，則建議使用突破精型。酒藏們依據期望酒質的類型也會改變製麴內容。

發泡性清酒

具有（因碳酸引起的）發泡性的日本酒。也稱作活性清酒。

加熱

為日本酒施加熱能，進行加熱殺菌的項目。木槽壓搾後的日本酒中，酵母和酵素仍處於活性狀態，若放任不管可能會成為變質的原因。因此施以60～70℃的熱能進行低溫殺菌。早於法國微生物科學家路易・巴士德（Louis Pasteur）發明低溫殺菌法的250年前，日本就已開始在日本酒釀造中使用加熱手法了。

冷卸酒

指主要在秋初出廠的生詰酒。嚴格說來，是在春初釀造完成，經過加熱步驟後放置一個夏季使它熟成，等到酒的貯藏溫度和室外溫度幾乎相同的秋初才出廠的日本酒。亦以別名「秋成酒」稱之。

袋吊

木槽壓搾方法的一種。吊起裝有醪的酒袋，採集其自然滴落的酒雫（酒液）。雖然耗時較長，但因為不施加任何壓力而能提煉出純淨的日本酒香味，大多被評定為等同於評鑑會出品酒等高級酒。

槽搾酒

木槽壓搾方法的一種。使用名為「木槽」的傳統壓搾機。在木槽中重疊鋪上裝有醪的酒袋，從上方施予壓力搾出酒液。

無過濾
未經過濾處理的日本酒。不喜歡因過濾而使酒香過度純淨的酒藏也很多。

醪
原料全部投入且釀製結束狀態的成品便稱為醪。通常是使用水、米麴、蒸米分成3次加到酒母中的三段釀製法來製造醪。

山廢酛
請參照生酛說明。

過濾
除渣後，為了把沒有除去的細渣完全清除而進行的潔淨作業。

YK35
Y＝山田錦、K＝熊本9號酵母、35＝精米程度35％等表示法的簡稱。是過去被認為最容易在全國新酒評鑑會獲得金賞的組合配方。

加水
所謂加水，是指把釀製水添加到酒精發酵結束後之日本酒的作業。其目的在於調整酒精濃度及香味平衡。未進行加水過程的日本酒，有些酒精濃度會達18％以上，為了符合一般日本酒濃度的15～16％而添加釀製水調整。未進行加水便直接出廠的酒，則以「原酒」表記之。

【北海道・東北】

編註：日本國碼為 81
★溝通方式僅限日語

男山株式會社	北海道旭川市永山2條7丁目	☎ 81-166-48-1931
高砂酒造株式會社	北海道旭川市宮下通17	☎ 81-166-23-2251
三浦酒造株式會社	青森縣弘前市石渡5-1-1	☎ 81-172-32-1577
桃川株式會社	青森縣上北郡入瀨町上明堂112	☎ 81-178-52-2241
株式會社南部美人	岩手縣二戶市福岡字上町13	☎ 81-195-23-3133
仙台伊澤家勝山酒造株式會社	宮城縣仙台市泉區福岡字二又25-1	☎ 81-22-348-2611
株式會社佐浦	宮城縣鹽竈市本町2-19	☎ 81-22-362-4165
株式會社中勇酒造店	宮城縣加美郡加美町字南町166	☎ 81-229-63-2018
森民酒造本家	宮城縣仙台市若林區荒町53	☎ 81-22-266-2064
新政酒造株式會社	秋田縣秋田市大町6-2-35	☎ 81-18-823-6407
合名公司栗林酒造店	秋田縣仙北郡美鄉町六鄉字米町56	☎ 81-187-84-2108
月山酒造株式會社	山形縣寒河江市大字谷澤769-1	☎ 81-237-87-1114
株式會社小嶋總本店	山形縣米澤市本町2-2-3	☎ 81-238-23-4848
竹之露合資公司	山形縣鶴岡市羽黑町豬俣新田字田屋前133	☎ 81-235-62-2209
和田酒造合資公司	山形縣西村山郡河北町谷地甲17	☎ 81-237-72-3105
大七酒造株式會社	福島縣二本松市竹田1-66	☎ 81-243-23-0007
鶴乃江酒造株式會社	福島縣會津若松市七日町2-46	☎ 81-242-27-0139

【關東】

石岡酒造株式會社	茨城縣石岡市東大橋2972	☎ 81-299-26-3331
須藤本家株式會社	茨城縣笠間市小原2125	☎ 81-296-77-0152
株式會社武勇	茨城縣結城市結城144	☎ 81-296-33-3343
株式會社仙禽	櫪木縣櫻市馬場106	☎ 81-28-681-0011
柴崎酒造株式會社	群馬縣北群馬郡吉岡町下野田649-1	☎ 81-279-55-1141

永井酒造株式會社	群馬縣利根郡川場村門前713	☎ 81-278-52-2311
横田酒造株式會社	埼玉縣行田市櫻町2-29-3	☎ 81-48-556-6111
瀧澤酒造株式會社	埼玉縣深谷市田所町9-20	☎ 81-48-571-0267
小泉酒造合資公司	千葉縣富津市上後423-1	☎ 81-439-68-0100
石川酒造株式會社	東京都福生市熊川1	☎ 81-42-553-0100
泉橋酒造株式會社	神奈川縣海老名市下今泉5-5-1	☎ 81-46-231-1338
太冠酒造株式會社	山梨縣南阿爾卑斯市上宮地57	☎ 81-55-282-1116
株式會社豐島屋	長野縣岡谷市本町3-9-1	☎ 81-266-23-1123
七笑酒造株式會社	長野縣木曽郡木曽町福島5135	☎ 81-264-22-2073
福源酒造株式會社	長野縣北安曇郡池田町大字池田2100	☎ 81-261-62-2210

【北陸 · 東海】

久須美酒造株式會社	新潟縣長岡市小島谷1537-2	☎ 81-258-74-3101
白瀧酒造株式會社	新潟縣南魚沼郡湯澤町大字湯澤2640	☎ 81-25-784-3443
原酒造株式會社	新潟縣柏崎市新橋5-12	☎ 81-257-23-6221
株式會社桝田酒造店	富山縣富山市東岩瀨町269	☎ 81-76-437-9916
株式會社小堀酒造店	石川縣白山市鶴來本町1丁目747	☎ 81-76-273-1171
株式會社車多酒造	石川縣白山市坊丸町60-1	☎ 81-76-275-1165
合併公司中島酒造店	石川縣輪島市鳳至町稻荷町8	☎ 81-768-22-0018
株式會社福光屋	石川縣金澤市石引2-8-3	☎ 81-120-293-285
有限公司南部酒造場	福井縣大野市元町6-10	☎ 81-779-65-8900
初龜釀造株式會社	靜岡縣藤枝市岡部町岡部744	☎ 81-54-667-2222
中島釀造株式會社	岐阜縣瑞浪市土岐町7181-1	☎ 81-572-68-3151
有限公司舩坂酒造店	岐阜縣高山市上三之町105	☎ 81-577-32-0016
神杉酒造株式會社	愛知縣安城市明治本町20-5	☎ 81-566-75-2121
山忠本家酒造株式會社	愛知縣愛西市日置町1813	☎ 81-567-28-2247

【近畿】

合名公司森本仙右衛門商店	三重縣伊賀市上野福居町3342	☎ 81-595-23-5500
富田酒造有限公司	滋賀縣長濱市木之本町木之本1107	☎ 81-749-82-2013
玉乃光酒造株式會社	京都府京都市伏見區東町545-2	☎ 81-75-611-5000
株式會社增田德兵衛商店	京都府京都市伏見區下鳥羽長田町135	☎ 81-75-611-5151
秋鹿酒造有限公司	大阪府豐能郡能勢町倉垣1007	☎ 81-72-737-0013
小西酒造株式會社	兵庫縣伊丹市中央3-5-8	☎ 81-72-782-5251（顧客諮詢專線）
澤之鶴株式會社	兵庫縣神戶市灘區新在家南町5-1-2	☎ 81-78-881-1234
株式會社西山酒造場	兵庫縣丹波市市島町中竹田1171	☎ 81-795-86-0331
株式會社今西清兵衛商店	奈良縣奈良市福智院町24-1	☎ 81-742-23-2255
長龍酒造株式會社	奈良縣北葛城郡廣陵町南4	☎ 81-745-56-2026
油長酒造株式會社	奈良縣御所市中本町1160	☎ 81-745-62-2047
平和酒造株式會社	和歌山縣海南市溝之口119	☎ 81-73-487-0189
株式會社吉村秀雄商店	和歌山縣岩出市畑毛72	☎ 81-736-62-2121

【中國 · 四國】

諏訪酒造株式會社	鳥取縣八頭郡智頭町智頭451	☎ 81-858-75-0618
板倉酒造有限公司	島根縣出雲市鹽冶町468	☎ 81-853-21-0434
米田酒造株式會社	島根縣松江市東本町3-59	☎ 81-852-22-3232
利守酒造株式會社	岡山縣赤磐市西輕部762-1	☎ 81-86-957-3117
賀茂泉酒造株式會社	廣島縣東廣島市西條上市町2-4	☎ 81-82-423-2118
株式會社三宅本店	廣島縣吳市本通7-9-10	☎ 81-823-22-1029
旭酒造株式會社	山口縣岩國市周東町獺越2167-4	☎ 81-827-86-0120
酒井酒造株式會社	山口縣岩國市中津町1-1-31	☎ 81-827-21-2177
有限公司丸尾本店	香川縣仲多度郡琴平町榎井93	☎ 81-877-75-2045

株式會社本家松浦酒造場	德島縣鳴門市大麻町池谷字柳之本19	☎ 81-88-689-1110
石鎚酒造株式會社	愛媛縣西條市冰見丙402-3	☎ 81-897-57-8000
株式會社有澤	高知縣香美市土佐山田町西本町1-4-1	☎ 81-887-52-3177
龜泉酒造株式會社	高知縣土佐市出間2123-1	☎ 81-88-854-0811
司牡丹酒造株式會社	高知縣高岡郡佐川町甲1299	☎ 81-889-22-1211
有限公司西岡酒造店	高知縣高岡郡土佐町久禮6154	☎ 81-889-52-2018

【九州】

株式會社磯之澤	福岡縣浮羽市浮羽町西隈上1-2	☎ 81-943-77-3103
株式會社杜之藏	福岡縣久留米市三潴町玉滿2773	☎ 81-942-64-3001
富久千代酒造有限公司	佐賀縣鹿島市濱町八宿1254-1	☎ 81-9546-2-3727
潛龍酒造株式會社	長崎縣佐世保市江迎町長坂209	☎ 81-956-65-2209
萱島酒造有限公司	大分縣國東市國東町綱井392-1	☎ 81-978-72-1181
株式會社熊本縣酒造研究所	熊本縣熊本市島崎1-7-20	☎ 81-96-352-4921
千德酒造株式會社	宮崎縣延岡市大瀨町2-1-8	☎ 81-982-32-2024

本書刊載之名酒品名列表

【七畫】

【八畫】

【九畫】

【十畫】

【十一畫】

【十二畫】

【十三畫】

【十四畫】

【十五畫】

【十六畫】

【十七畫】

【十八畫】

【十九畫】

COLUMN

一起去參加地方酒博覽會吧！

「做成溫酒會好喝的日本酒」部門的參展攤位。擁有品酒師資格的工作人員會提供溫度恰到好處的日本酒給您。

能品飲各式酒藏的推薦酒，甚至還可能有機會和酒藏直接對話的試飲會或地方酒博覽會，是日本酒初學者累積經驗時不可多得的大好機會。

2010年9月12日，東京都內舉辦了「地方酒祭典ー秋之陣2010」（主辦單位SSI（日本酒服務研究會・酒匠研究會聯合會））。這次的「地方酒祭典」共有35間酒藏參加，陳列了日本酒、燒酎、利可酒等各式各樣的酒品。

本活動最大賣點在投票型的試飲會「您精心挑選的地方酒大show」。這個活動是先設定多項主題，再藉由投票來選出最適合該主題的酒。日本酒部門的主題是「和鮭魚卵最搭配的日本酒」以及「做成溫酒會好喝的日本酒」。它最大的特徵在於由於主辦單位意圖獲取更真實的評價，而能夠實際品嚐到該主題提出的組合。例如主辦單位在實際分發給參加者的便當中準備了鮭魚卵，以及在各參展攤位配置溫酒等。

雖然經常以充分表現各個日本酒特徵的手法來談論是否和餐點的性質相合，但實際能品嚐那些組合的機會卻相當少。這個「地方酒祭典」，就正好適合那些想要體驗日本酒所具備「和餐點搭配」之魅力的人。

像這樣的品酒活動，雖然會有規模和內容的差異，卻在全國各地舉辦中。各活動的共同利點，在於能夠試飲到平常難得飲用到的名酒，以及能夠直接和酒藏談話等。而且，也有人把試酒視為享受重點。

有一點可以肯定的是，品酒活動是認識日本酒的捷徑。如果您所在周圍有預計開辦品酒活動的話，請一定要親自前往朝聖！

本篇介紹的SSI「地方酒祭典」，據說今後也計畫以每年舉辦2次的步調持續下去。關於下次的舉辦時間等資訊，有興趣的人請到SSI官方網站（http://www.sakejapan.com）查詢。

監修代表

長田　卓

1969年出生。
SSI（日本酒服務研究會・酒匠研究會聯合會）研究室長。
在SSI主辦之「品酒師」、「燒酎顧問」認定講習會中擔任品酒講座主任講師。
此外，亦在該會擔任以日本酒、燒酎為中心的教科書編輯，並負責開發各種工具。
尤其是與品酒相關的事物，致力於開發能夠傳達香味特性或增加飲用樂趣的工具。

TITLE

日本酒入門

STAFF

出版　三悅文化圖書事業有限公司
監修　SSI(日本酒服務研究會・酒匠研究會聯合會)
譯者　張華英

總編輯　郭湘齡
責任編輯　王瓊苹
文字編輯　林修敏　黃雅琳
美術編輯　李宜靜
排版　二次方數位設計
製版　明宏彩色照相製版股份有限公司
印刷　桂林彩色印刷股份有限公司
法律顧問　經兆國際法律事務所　黃沛聲律師

代理發行　瑞昇文化事業股份有限公司
地址　新北市中和區景平路464巷2弄1-4號
電話　(02)2945-3191
傳真　(02)2945-3190
網址　www.rising-books.com.tw
e-Mail　resing@ms34.hinet.net

劃撥帳號　19598343
戶名　瑞昇文化事業股份有限公司

本版日期　2016年8月
定價　320元

ORIGINAL JAPANESE EDITION STAFF

本文イラスト　松本春野
本文デザイン　稲垣健高

編　集　株式会社ロム・インターナショナル
担　当　金沢美由妃（主婦の友社）

國家圖書館出版品預行編目資料

日本酒入門／SSI(日本酒服務研究會.酒匠研究會聯合會)監修；張華英譯. -- 初版. -- 新北市：三悅文化圖書，2012.10
176面；14.8x21 公分

ISBN　978-986-5959-28-9 (平裝)

1. 酒　2. 日本

463.8931　　101017997